数学をいかに使うか

志村五郎

筑摩書房

本書をコピー、スキャニング等の方法により無許諾で複製することは、法令に規定された場合を除いて禁止されています。請負業者等の第三者によるデジタル化は一切認められていませんので、ご注意ください。

はじめに

　まず期待される読者の数学知識のレベルを書く．本書では線形代数と微積分の初歩を学んだ人を主な対象とする．だから大学の理工系に進んだ人，経済学で数学を使う人，中学，高校などで数学を教えている人が入るであろう．今学びつつある人ももちろん入る．研究者は主な対象ではないが，案外よい読者になってくれるかも知れない．

　ではいったい何をどう書くか．まずその程度の知識でわかる範囲で普通の教科書に書いてないが，面白い事，あるいは知っていた方がよいことがあるのでそれを書く．そして数学を「どう使うか」という態度で書く．言いかえれば「使えない数学は教えなくてよく，学ばなくてもよい」ということを説明する．

　微積分の続きというとLebesgue積分とか複素変数の解析などであるが，その中でどういう点に注目すべきかということを書く．それを説明するのになるべく数学の歴史的発展と結び付けて論じるようにした．

　本書は教科書ではないから，基本的な定理などを読者に思い出してもらうために，いちおう書きはするがそれらをすべて証明し直すことはしない．しかし読者にとって新らしいであろうと思われる所はきちんと証明した．全部それ

で通すと大部の本になるのでお話の部分もある．少し技術的になって証明や計算が長くなる所は最後の附録の章の§A1から§A8に入れてある．附録としてはあるがその中の§§A1, A6, A8などは本文の一部だと思って読んでもらいたい．

複素解析やLebesgue積分が出て来る章ではそのごく易しい部分の知識を仮定した．そうしないと書けないからである．その理論の教科書を入手して，始めの方を少し読んでおけば十分であるが，それをしなくても，本書に書いてあるだけでも感じはつかめると思う．Lebesgue積分も複素解析も，その易しい部分は大学の一般初年級の微積分に含めてよい時代になっているのではないかと思う．もちろん微積分のかなりの部分は高校でやって，その続きのような気分でやればよい．本書はそういう気分で書かれているのである．

要するに数学は学ぶにせよ教えるにせよ，きめられた伝統的な段階をふんできっちりとやらなければならないものではない．特に「何でも厳密に」などと考えてはいけない．これは教育上で言っているのであって，厳密でなければならない場所はもちろんある．

ともあれ，本書を気楽に読んで，そこに読者が何か新らしいことを発見して，また，それを到達点ではなく出発点とすることを期待するものである．

2010年6月

志村五郎

目　次

はじめに　003

0. 記号，特に行列について …………………………… 009
1. 線形代数の使い方 ……………………………………… 013
2. Hermite 行列その他 …………………………………… 020
3. ベクトル積から外積代数まで ………………………… 037
4. 四元数環の重要性 ……………………………………… 053
5. Clifford 代数とスピン群 ……………………………… 063
6. 複素解析，特に楕円関数 ……………………………… 078
7. テータ関数と保型関数 ………………………………… 095
8. Riemann のテータ関数と Dedekind の η ………… 106
9. Lebesgue 積分と Fourier 解析 ………………………… 113
10. Fourier 変換からメタプレクティック群へ ………… 123
11. 代数で何を教えるべきか ……………………………… 133

　　附　　録 ………………………………………………… 145
　A1. 行列の指数関数 …………………………………… 145
　A2. $SL_2(\mathbf{Z})$ の生成元 ……………………………… 149
　A3. 定理 7.1 の証明 …………………………………… 150
　A4. 定理 5.2 の証明 …………………………………… 153
　A5. Riemann のテータ級数の収束 ………………… 155
　A6. Mellin 変換 ………………………………………… 157
　A7. Lüroth の定理の証明 …………………………… 160
　A8. $GL_2(\mathbf{C})$ の表現とその応用 ………………… 164

文　献　171

数学をいかに使うか

0. 記号，特に行列について

はじめに記号について書く．集合とその元などという言葉と記号は既知とする．$x \in A$ は x が集合 A の元であるとか，$A \cup B, A \cap B$ のたぐいである．集合 A が集合 B に含まれることを $A \subset B$ と書くが，本書ではこれは $A = B$ の場合も含むことにする．

よく使う記号として $\mathbf{Z}, \mathbf{Q}, \mathbf{R}, \mathbf{C}$ がある．$\mathbf{Z}$ は整数（正，負ともに，0も入れて）全体の集合，$\mathbf{Q}$ は有理数全体の集合，$\mathbf{R}$ は実数全体の集合，$\mathbf{C}$ は複素数全体の集合である．そして

$$(0.0) \quad \{x \in \mathbf{R} \mid -6 \leq x < 2\}, \ \{z \in \mathbf{C} \mid 3z^2 + 6z = 1\}$$

のような書き方で集合を定めることがある．左のは $-6 \leq x < 2$ となる実数 x 全体の集合，右のは $3z^2 + 6z = 1$ となる複素数 z の集合である．実はそういう z は実数であるけれども，ともかくそれである集合を定義しているということである．空集合の記号は $\emptyset$ であるから $\{x \in \mathbf{R} \mid x^2 = -7\} = \emptyset$ となる．

次に行列の記号と演算について少し復習しておこう．行列 A の転置行列を ^tA と書く．つまり A が m 行 n 列の

行列（$m \times n$-行列と言う）ならば ^tA は n 行 m 列で，その (i,j)-成分は A の (j,i)-成分である．$m=n$ のとき A を正方行列と言う．正方行列 A の行列式を $\det(A)$ と書き，A の跡（trace）を $\mathrm{tr}(A)$ と書く．$A=[a_{ij}]_{i,j=1}^{n}$ に対して $\mathrm{tr}(A)=\sum_{i=1}^{n}a_{ii}$ である．ここで

(0.1a) $\qquad \det(AB)=\det(A)\det(B),$

(0.1b) $\qquad \mathrm{tr}(A+B)=\mathrm{tr}(A)+\mathrm{tr}(B),$

(0.2) $\qquad ^t(AB)={}^tB\cdot{}^tA$

が成り立つ．(0.1a, b) で A, B は同じサイズの正方行列；(0.2) では A の列の数が B の行の数に等しければよい．

ここで行列の成分は **C** の元としてかまわないが，より広い範囲で考えることができる．そのために**体**という言葉が便利だからそれを使うことにする．体とは，**Q, R, C** のように，その中で加減乗除ができる数の集合である．だから **Q, R, C** はそれぞれ**有理数体，実数体，複素数体**と呼ばれる．**Z** はその中だけでは割り算ができないから体ではない．体のきちんとした定義は定義 2.9 でするがさしあたりそれはいらない．以下「体 F を取る」というような言い方をするが，それは，F は **Q, R, C** のどれかで，そのひとつを取るというぐらいの意味に考えてもよい．それ以外の体の例をひとつ書くと，複素数係数の多項式 $p(x), q(x)$ で $q \neq 0$ のとき $p(x)/q(x)$ を有理式と言う．有理式全体を考えるとその中で加減乗除ができるから，

それはひとつの体である．

さて，体 F を取り，F の元を成分とする n 次の正方行列全体を $M_n(F)$ と書き，これを F 上の n 次の**全行列環**と呼ぶ．たとえば $M_n(\mathbf{R})$ は成分が実数である n 次正方行列全体である．$M_n(F)$ の中で加，減，乗法はできるが除法はできない．ここでどの教科書にもあるひとつの事実を書く．n 次の単位行列を 1_n と書くとき

(0.3) $\det(A) \neq 0$

$\iff AB = 1_n$ となる $B \in M_n(F)$ がある，

$\iff CA = 1_n$ となる $C \in M_n(F)$ がある．

しかもそうなる B と C は等しく，A に対してただひとつに定まる．それを A の**逆行列**，または単に A の逆と呼び A^{-1} と書く．そうして集合 $GL_n(F), SL_n(F)$ を

(0.4) $GL_n(F) = \{X \in M_n(F) \mid \det(X) \neq 0\}$,

(0.5) $SL_n(F) = \{X \in GL_n(F) \mid \det(X) = 1\}$

で定める．この右側は (0.0) と同様な意味で使う．つまり $GL_n(\mathbf{Q})$ は $\det(X) \neq 0$ である有理数係数の n 次正方行列 X 全体である．このとき

(0.6) $X, Y \in GL_n(F)$

$\implies XY \in GL_n(F), X^{-1} \in GL_n(F)$,

(0.7) $X, Y \in SL_n(F)$

$\implies XY \in SL_n(F), X^{-1} \in SL_n(F)$

が成り立つ．より一般に，$A, B, C, ..., G, H \in GL_n(F)$ ならば $ABC \cdots GH \in GL_n(F)$ であり，

$$(0.8) \quad (ABC \cdots GH)^{-1} = H^{-1}G^{-1} \cdots C^{-1}B^{-1}A^{-1}$$

が成り立つ．$1_n \in GL_n(F)$ も忘れてはならない．$GL_n(F)$ は F 上の n 次の**一般線形群**（general linear group of degree n over F），$SL_n(F)$ は F 上の n 次の**特殊線形群**（special linear group of degree n over F）と呼ばれる．群とか環という術語の定義をあとで与えるが，さしあたりそれはいらない．

ここで記号についてひとつ書いておく．正方行列 $X_1, ..., X_r$ が与えられて，これを対角線上に並べてひとつの正方行列 X を作ったとき，それを

$$(0.9) \quad X = \mathrm{diag}[X_1, ..., X_r]$$

と書く．X_i の次数が n_i ならば X は $n_1 + \cdots + n_r$ 次の正方行列で，X_i 以外の所の X の成分は 0 である．たとえば $1_n = \mathrm{diag}[1, ..., 1]$（$1$ が n 個）．

1. 線形代数の使い方

まず復習すると体 F 上の（たとえば $F=\mathbf{R}$ として $\mathbf{R}$ 上の）線形空間というものがある．これをベクトル空間とも言う．それを V とすると V の次元が定まる．これは有限でも無限でもあるが有限であれば，それは0または正の整数である．V の次元を $\dim(V)$ と書く．次にふたつの F 上の線形空間 V と W に対して線形写像 $T: V \to W$ というものが考えられる．そのとき

(1.1a) $\quad \mathrm{Ker}(T) = \{x \in V \mid T(x) = 0\},$

(1.1b) $\quad\quad T(V) = \{Tx \mid x \in V\}$

とおくと $\mathrm{Ker}(T)$ は V の部分空間で $T(V)$ は W の部分空間である．これらは V や W の次元に無関係に定義できるが V も W も有限次元とすると

(1.2) $\quad \dim\bigl(T(V)\bigr) + \dim\bigl(\mathrm{Ker}(T)\bigr) = \dim(V)$

が成り立つ．これの特別な場合として，$\dim(V) = \dim(W)$ ならば

(1.3) $\quad\quad \mathrm{Ker}(T) = \{0\} \iff T(V) = W$

が成り立つことはすぐわかる．実際 $\mathrm{Ker}(T) = \{0\}$ ならば (1.2) により $\dim(T(V)) = \dim(V) = \dim(W)$．ところが $T(V) \subset W$ だから $T(V) = W$ となる．逆も容易である．

さて $\mathrm{Ker}(T) = \{0\}$ ということは，$x, y \in V$ に対して

(1.4) $$Tx = Ty \Longrightarrow x = y$$

と同じことである．実際，$\mathrm{Ker}(T) = \{0\}$ で $Tx = Ty$ ならば $T(x-y) = 0$ となり (1.1a) により $x - y \in \mathrm{Ker}(T)$，よって $x - y = 0$，つまり $x = y$ である．逆に (1.4) から $\mathrm{Ker}(T) = \{0\}$ が出ることも容易にわかる．

これらの事実を多項式に関するある基本的な定理の証明に使ってみよう．体 F 上の変数（または文字）x の多項式とは

(1.5) $$a_0 + a_1 x + \cdots + a_m x^m$$

のような式で $a_0, a_1, \ldots, a_m$ が F に属するものを言う．ここで $m = 0$ ならば a_0 だけである．この式で $a_m \neq 0$ ならば (1.5) は m 次である，またはこの多項式の次数は m であると言う．だから一般に (1.5) を書いたとき，(a_m は 0 かも知れないから）その次数は m 以下である．0 次の多項式は常数である．その常数に 0 を含めないことがあるが，ここでは 0 も含める．

定理 1.1. $0 \leq n \in \mathbf{Z}$ として $n+1$ 個の互に相異なる実

数 $y_0, y_1, ..., y_n$ を与え，そのほかに $n+1$ 個の実数 $b_0, b_1, ..., b_n$ を取る．$b_0, ..., b_n$ の中には同じものがあってよい．このとき n 次以下の実数係数の多項式 $f(x)$ で

(1.6) $\quad f(y_0) = b_0, f(y_1) = b_1, ..., f(y_n) = b_n$

となるものがただひとつ存在する．

証明． n 次以下の実数係数の多項式全体を V とすれば V は $\mathbf{R}$ 上の線形空間で $\dim(V) = n+1$ である．$\{1, x, x^2, ..., x^n\}$ が V の基になっている．一方 $n+1$ 次元の実数成分のベクトル $(c_0, c_1, ..., c_n)$ 全体を W とすると $\dim(W) = n+1$．（$W = \mathbf{R}^{n+1}$ と書くことが多い．）さて定理の $y_0, y_1, ..., y_n$ が与えられたとき多項式 $f \in V$ に対して

$$T(f) = (f(y_0), f(y_1), ..., f(y_n))$$

とおくと T は V から W への線形写像であることは明らかである．このとき $\mathrm{Ker}(T) = \{0\}$ を示そう．そのために次のよく知られた事実を思い出す．

(1.7) 多項式 f と $\alpha \in \mathbf{R}$ について $f(\alpha) = 0$ ならば，$f(x) = (x - \alpha)g(x)$ となる実係数の多項式 $g(x)$ がある．

さて $f \in \mathrm{Ker}(T)$ とすれば $T(f) = 0$，つまり $f(y_0) = f(y_1) = \cdots = f(y_n) = 0$．(1.7) により $f(x) = (x - y_0)g(x)$ とな

る多項式 g がある．そのとき $0 = f(y_1) = (y_1 - y_0)g(y_1)$．ところが $y_1 \neq y_0$ だから $g(y_1) = 0$．(1.7) を g に適用すれば $g(x) = (x - y_1)h(x)$ となる多項式 h が得られる．従って $f(x) = (x - y_0)(x - y_1)h(x)$ となるが，

$$0 = f(y_2) = (y_2 - y_0)(y_2 - y_1)h(y_2)$$

となり，$y_2 \neq y_0, y_2 \neq y_1$ だから $h(y_2) = 0$ である．これをくり返せば $f(x) = (x - y_0)(x - y_1) \cdots (x - y_n)p(x)$ となる多項式 p がある．ところが f の次数は n 以下であるから $p = 0$ でなければならない．故に $f = 0$．これで $\mathrm{Ker}(T) = \{0\}$ がわかった．そこで (1.3) により $T(V) = W = \mathbf{R}^{n+1}$ となり，任意の $(b_0, b_1, ..., b_n) \in \mathbf{R}^{n+1}$ に対して $T(f) = (b_0, b_1, ..., b_n)$ となる n 次以下の多項式 f がある．つまり (1.6) をみたす f がある．それがただひとつということは (1.4) からわかる．（証終）

この証明の中で使った (1.7) の代りに

(1.8) 多項式 f について $f(\alpha_1) = \cdots = f(\alpha_r) = 0$ で $\alpha_1, ..., \alpha_r$ が互に相異なるならば $f(x) = (x - \alpha_1) \cdots (x - \alpha_r)q(x)$ となる多項式 $q(x)$ がある．

を使えば証明はずっと短かくなる．ここでは念のため (1.8) を (1.7) から導いたのである．

ここで読者が「何だつまらない，定理の f を具体的に書く Lagrange の補間公式というものがあるではないか」

と思ったとしたらその通りである．(この公式はこの章の終りにしるす．) ではなぜこの証明をしたか．上の証明のよさは (1.3) あるいは (1.4) のような基本的事実を心得ていさえすれば，簡単に頭の中に描くことが出来て何の努力をも要しない，という点にある．その点をはっきりさせるために，もうひとつの定理を書いてみよう．

定理 1.2. 定理 1.1 の y_i, b_i のほかにさらに $n+1$ 個の実数 $c_0, c_1, ..., c_n$ をとる．(この中には同じものがあってもよい．) このとき

$$f(y_0) = b_0, ..., f(y_n) = b_n, f'(y_0) = c_0, ..., f'(y_n) = c_n$$

となる $2n+1$ 次以下の実係数の多項式 f がただひとつ存在する．

ここで $f'(x)$ は f の導関数であって，(1.5) を f とすれば $f'(x)$ は

$$f'(x) = a_1 + 2a_2 x + \cdots + m a_m x^{m-1}$$

である．読者は上の考え方の応用問題としてこの定理の証明を試みられたい．まず V としては $2n+1$ 次以下の多項式全体をとる．$W = \mathbf{R}^{2n+2}$ として，$T: V \to W$ を $f \in V$ に対し

$$T(f) = (f(y_0), ..., f(y_n), f'(y_0), ..., f'(y_n))$$

で定める．やはり $\mathrm{Ker}(T) = \{0\}$ を示せばよいのである

が，それには (1.7) の代りに $f(\alpha)=f'(\alpha)=0$ となる f についての言明が必要であるが，それは初等代数か微積分の本に書いてある．それを読者が思い出すか自分で証明することを期待するのは不親切ではなかろう．

定理 1.2 の形にしてみると，これ以外の証明が考えにくいということは明らかである．さらに $f''(y_i)$ を考えに入れた定理も容易に書くことができるがそれは読者にまかせる．

ここで Lagrange の補間公式を書いておく．定理 1.1 の y_i, b_i に対して $g(x)=(x-y_0)(x-y_1)\cdots(x-y_n)$,

$$(1.9) \qquad f(x) = \sum_{r=0}^{n} b_r \cdot \frac{g(x)}{(x-y_r)g'(y_r)}$$

とおく．ここで $x=y_i$ としてみると $r=i$ の項は b_i となり，それ以外の項は 0 となることがわかるから，$f(y_i)=b_i$ であり，また f の次数は明らかに n 以下，従って (1.9) の f が求める多項式となる．(1.9) で b_r の代りに $f(y_r)$ と書いたものを Lagrange の補間公式と呼ぶ．

この章の考え方の応用として，また線形代数を思い出すために問題をつけ加える．

問題 1. 定理 1.1 のように $y_0, y_1, ..., y_n$ をとり，また n 個の実係数の多項式 $f_0, ..., f_n$ を取り f_k は k 次であるとし，$f_0 \neq 0$ とする．$f_i(y_j)$ を (i,j)-成分 $(0 \leq i, j \leq n)$ とする $n+1$ 次の正方行列 $[f_i(y_j)]$ を作るとき $\det[f_i(y_j)] \neq 0$ であることを証明せよ．

問題 2. A を $2n$ 行 n 列の複素数成分の行列として $\overline{A}$ を A の成分すべてを複素共役で置きかえた同じサイズの行列とする．$B = [A \ \ \overline{A}]$ とおいて $2n$ 次正方行列 B を作るとき

$$\det(B) \neq 0 \iff A \text{ の行は } \mathbf{R} \text{ 上一次独立}$$

であることを証明せよ．（注意：右側は $\mathbf{C}$ 上の一次独立ではない．一般に $\mathbf{C}$ 上の線形空間は $\mathbf{R}$ 上の線形空間にもなり，$\mathbf{R}$ 上の一次独立と $\mathbf{C}$ 上の一次独立とふたつの概念があって，それらは違う．）

2. Hermite 行列その他

Hermite 行列はどの線形代数の教科書にも書いてあるが,そこにはおそらく書かれていないことが多いと思われる基本的事実があるのでそれを注意しよう.最初に記号を定める.行列の成分はすべて複素数とする.行列 A の成分をすべてその複素共役で置きかえた行列を $\overline{A}$ と書く.これと前に定義した A の転置行列 ${}^t A$ と組み合わせて考えると,${}^t(\overline{A}) = \overline{{}^t A}$ はすぐわかる.これを単に ${}^t \overline{A}$ と書いて,さらに $A^* = {}^t \overline{A}$ とおく.$\overline{AB} = \overline{A}\,\overline{B}$ は明らかだから,(0.2) により $(AB)^* = B^* A^*$ を得る.$A = [a_{ij}]$ が m 行 n 列ならば A^* は n 行 m 列であって,その (i,j)-成分は $\overline{a}_{ji}$ となる.$(A^*)^* = A$ も明らか.

さて n 次の正方行列 A で $A^* = A$ となるものを n 次の **Hermite 行列** と呼ぶ.また,n 次正方行列 T で $TT^* = 1_n$ となるものを n 次の **ユニタリー行列** と呼ぶ.さて次の定理は基本的でどの教科書にもある.

定理 2.1. n 次 Hermite 行列 H に対して n 次ユニタリー行列 T と実数 λ_i をとって $THT^{-1} = \mathrm{diag}[\lambda_1, ..., \lambda_n]$ とすることができる.ここで右辺は (0.9) の特別な場合

で, $\lambda_1, ..., \lambda_n$ を対角成分とする対角行列である. さらに $\{\lambda_1, ..., \lambda_n\}$ は全体として T の取り方によらず H に対して定まる.

一般に n 次正方行列 A, 0 でない複素成分の n 次元タテベクトル x, 複素数 λ に対して $Ax = \lambda x$ となるとき λ を A の**固有値**と言う. ($x \neq 0$ であるが, $\lambda = 0$ でも $\lambda \neq 0$ でもよい.) 上の定理において $\{\lambda_1, ..., \lambda_n\}$ はちょうど H の固有値全体であることも知られている.

次に n 次元複素成分タテベクトル x に対して

$$(2.1) \qquad x^* H x = \sum_{i=1}^{n} \sum_{j=1}^{n} h_{ij} \overline{x}_i x_j$$

となる. ここで h_{ij} は H の (i, j)-成分, x_i は x の i-成分である. (2.1) のような式を **Hermite 形式**と呼ぶ. ここで, $x \neq 0$ ならばつねに $x^* H x > 0$ となるとき, H は**正値定符号** (positive definite) であると言い, $H > 0$ または $0 < H$ と書く. 同じ次数の Hermite 行列 H と K に対して $H \pm K$ も Hermite 行列である. そこで $H - K > 0$ のとき $H > K$ または $K < H$ と書く. 次の定理はどんな教科書にもある.

定理 2.2. n 次 Hermite 行列 H が正値定符号であるためには H の固有値 $\lambda_1, ..., \lambda_n$ がすべて正であることが必要かつ十分である.

しかし次の定理はどうか. 書いてない本の方が多いと思

われる．

定理2.3. n 次正値定符号 Hermite 行列の全体を P_n とし，正の整数 m を取るとき，写像 $H \mapsto H^m$ は P_n から P_n の上への1対1写像である．つまり $H \in P_n$ ならば $H^m \in P_n$ であり，また任意の $K \in P_n$ に対して $H^m = K$ となる P_n の元 H がただひとつ存在する．

証明. $(AB)^* = B^*A^*$ だから $(H^m)^* = (H^*)^m = H^m$ となり H^m は Hermite 行列である．次に定理 2.1 により $THT^{-1} = \mathrm{diag}[\lambda_1, ..., \lambda_n]$ となるユニタリー行列 T と実数 $\lambda_1, ..., \lambda_n$ を取る．$H \in P_n$ だから $\lambda_i > 0$ である．このとき

$$(2.2) \quad \mathrm{diag}[\lambda_1^m, ..., \lambda_n^m] = (THT^{-1})^m$$
$$= THT^{-1} \cdot THT^{-1} \cdots THT^{-1}$$
$$= TH \cdots HT^{-1} = TH^m T^{-1}$$

だから，$\lambda_1^m, ..., \lambda_n^m$ は H^m の固有値である．$\lambda_i^m > 0$ であるから $H^m \in P_n$ となる．逆に $K \in P_n$ として，$UKU^{-1} = \mathrm{diag}[\mu_1, ..., \mu_n]$ となるユニタリー行列 U と実数 μ_i を取ると，$K \in P_n$ だから $\mu_i > 0$ である．そこで $M = \mathrm{diag}[\mu_1^{1/m}, ..., \mu_n^{1/m}]$, $H = U^{-1}MU$ とおく．U はユニタリーだから $U^{-1} = U^*$ であり $H = U^*MU$, しかも $M^* = M$ だから $H^* = H$ がわかる．$\mu_i^{1/m}$ が実数であることに注意．$UHU^{-1} = M$ であるから $\mu_1^{1/m}, ..., \mu_n^{1/m}$ が H の固有値，それらがすべて正であるから $H \in P_n$ となる．

(2.2)の計算でλ_iを$\mu_i^{1/m}$とし，TをUとしてみると，$\mathrm{diag}[\mu_1,...,\mu_n]=UH^mU^{-1}$となるが，左辺は$UKU^{-1}$であったから$K=H^m$となり，目的が達せられた．

Kに対してHがただひとつであることの証明は次の通りである．（この部分，いや本書のどの部分でも，わかりにくければ飛ばせばよい．飛ばさない方がよい部分ももちろんあるが．）Kの固有値を上のように$\mu_1,...,\mu_n$とし，そのうちの相異なるものを$\mu_1,...,\mu_r$とし，$\lambda_i=\mu_i^{1/m}$とする．$H^m=K$ならば$\lambda_1,...,\lambda_r$はHの固有値のうちの相異なるものである．Wをn次元複素成分のタテベクトル全体とし，

$$X_i = \{x \in W \mid Kx = \mu_i x\},$$
$$Y_i = \{x \in W \mid Hx = \lambda_i x\}$$

とすればWは$X_1,...,X_r$の直和であり，また$Y_1,...,Y_r$の直和でもある．$x \in Y_i$ならば$Hx=\lambda_i x$で$Kx=H^m x=\lambda_i^m x=\mu_i x$となり$x \in X_i$である．従って$Y_i \subset X_i$．ところが$W$は$X_1,...,X_r$の直和でも$Y_1,...,Y_r$の直和でもあるから$Y_i=X_i$となる．つまり$x \in X_i$に対して$Hx=\lambda_i x$となる．ところで$X_i$は$K$だけできまり，$\lambda_i$も$K$できまり$x \in X_i$に対して$Hx=\lambda_i x$であるから$H$が$W$全体できまることになり，それで$H$が$K$に対しただひとつであることがわかった．（証終）

特に$m=2$であれば与えられた$K \in P_n$に対してその

"平方根" H があって $H^2 = K$ となるわけであり，これは使われることが多い．

次の定理はたいていの教科書にある．

定理 2.4. $A \in GL_n(\mathbf{C})$ （(0.4) を見よ）ならば任意の $H \in P_n$ に対して $A^*HA \in P_n$，特に $H = 1_n$ として，$A^*A \in P_n$ である．

証明. $(A^*HA)^* = A^*HA$ だから A^*HA は Hermite 行列で，n 次元複素タテベクトル x に対し $y = Ax$ とすれば，$x \neq 0$ のとき $y \neq 0$ で，$x^*A^*HAx = y^*Hy > 0$，従って $A^*HA \in P_n$．（証終）

定理 2.5. Hermite 行列 $H = (h_{ij}) \in P_n$ に対してつねに

$$\det(H) \leq h_{11} \cdots h_{nn}.$$

証明. e_i を i 番目の基のベクトルとすれば $h_{ii} = e_i^* H e_i$ で $H > 0$ ならばこれは正，だからすべての i について $h_{ii} > 0$．次に $n = r + s, r > 0, s > 0$ として

(2.3) $$H = \begin{bmatrix} K & B \\ B^* & D \end{bmatrix}$$

とおく．ここで K は r 行 r 列，B は r 行 s 列，D は s 行 s 列である．このとき $K > 0$ かつ $D > 0$．それは，y を r 次元複素タテベクトルとし，n 次元タテベクトル x を

$x = \begin{bmatrix} y \\ 0 \end{bmatrix}$ できめる. (x の終りの s 個の成分が 0 という意味.) このとき $y^*Ky = x^*Hx$ で $y \neq 0$ ならば $x \neq 0$ だから $H > 0$ ならば $y^*Ky > 0$, つまり $K > 0$ となる. $D > 0$ も同様にわかる. さて定理を n についての帰納法で証明する. $n=1$ なら $H = h_{11}$, $\det(H) = h_{11}$ で明らか. 次数 $n-1$ のときに定理が正しいとせよ. (2.3) において $r = n-1, s = 1$ とする. $K > 0$ で K の対角成分は h_{11}, ..., $h_{n-1,n-1}$ だから帰納法の仮定により

$$(2.4) \qquad \det(K) \leq \prod_{i=1}^{n-1} h_{ii}$$

であり, また $D = h_{nn}$ である. さて行列の計算で

$$\begin{bmatrix} 1_{n-1} & 0 \\ -B^*K^{-1} & 1 \end{bmatrix} \begin{bmatrix} K & B \\ B^* & D \end{bmatrix} \begin{bmatrix} 1_{n-1} & -K^{-1}B \\ 0 & 1 \end{bmatrix}$$

$$= \begin{bmatrix} K & 0 \\ 0 & D - B^*K^{-1}B \end{bmatrix}$$

は容易である. 0 は成分がすべて 0 であるヨコまたはタテベクトル. ここで行列式を取ると 1 番目と 3 番目の行列の行列式は 1 だから, 左辺は $\det(H)$, 右辺は $\det(K)e$, $e = D - c$, $c = B^*K^{-1}B$, である. $K^{-1} > 0$ だから (これは読者が確かめられたい), タテベクトル B に対して $c = B^*K^{-1}B \geq 0$, 従って $e \leq D = h_{nn}$. 故に $\det(H) = \det(K)e \leq \prod_{i=1}^{n} h_{ii}$ となり, 次数 n の場合が証明された. (証終)

これを使ってよく知られた次の定理を証明しよう．

定理 2.6（Hadamard の定理）． $A = [a_{ij}] \in M_n(\mathbf{C})$ ならばつねに

$$|\det(A)|^2 \leq \prod_{j=1}^n \sum_{i=1}^n |a_{ij}|^2.$$

証明． $\det(A) = 0$ ならこれは明らかであるから $\det(A) \neq 0$ として $H = A^*A$ とおくと定理 2.4 により $H \in P_n$ である． $H = [h_{ij}]$ とすると $h_{jj} = \sum_{i=1}^n |a_{ij}|^2$ となり，また $\det(H) = \det(A^*)\det(A) = \overline{\det(A)}\det(A) = |\det(A)|^2$．だから定理 2.5 からただちに上の公式を得る．（証終）

Hadamard の定理はおそらくそれほど重要ではないと思われるが，幾何学的にはあるはっきりした事実を示している．簡単のため $A \in M_n(\mathbf{R})$ としてその第 j 行のタテベクトルを a_j とすると $|\det(A)|$ は n 個のベクトル $a_1, ..., a_n$ で張られる n 次元平行体（parallelotope）の体積である． $n = 2$ ならば a_1 と a_2 を辺とする平行四辺形の面積となる． $\sum_{i=1}^n |a_{ij}|^2$ は a_j の長さの自乗 $|a_j|^2$ である．その長さ $|a_1|, ..., |a_n|$ がきまっているとき，その平行体の体積が最も大きくなるのは，それらのベクトルが互に直交するときで，そのとき体積は $|a_1|\cdots|a_n|$ であり，だから一般的に $|\det(A)| \leq |a_1|\cdots|a_n|$ となって，Hadamard の定理の幾何学的直観による擬証明が得られる．

この定理は現代の教科書にはあまり書いてないよう

である．ある古い本に Hilbert が彼の講義の中で，$A \in M_n(\mathbf{R})$ の場合に実の多変数関数の条件付最大最小の問題の解として与えたという証明があり，それがよいとも思われないので複素成分にして定理 2.5 の応用として証明してみた．少なくともこの方がより自然なやり方であろう．

定理 2.3 も基本的でその応用をここでは示さなかったが，実はその背後に次のような考え方がある．$e^x = \sum_{n=0}^{\infty} x^n/n!$ の変数 x を $M_n(\mathbf{C})$ の行列 X として

$$(2.5) \qquad \exp(X) = \sum_{n=0}^{\infty} \frac{1}{n!} X^n$$

とおくとこれはつねに収束して $\exp(X) \in GL_n(\mathbf{C})$ である．特に H が Hermite 行列ならば $\exp(H) \in P_n$ である．（収束その他についてこの $\exp(X)$ については附録の §A1 に書く．）だから $\exp: M_n(\mathbf{C}) \to GL_n(\mathbf{C})$ という写像があるが，実は $GL_n(\mathbf{C})$ という Lie 群の Lie 環が $M_n(\mathbf{C})$ となっていて，これは一般の Lie 群 G とその Lie 環 L に対して同様な写像 $\exp: L \to G$ があるという事実の特別な場合なのである．

$\exp(X+Y) = \exp(X)\exp(Y)$ は一般には成り立たないが，$\exp(mX) = \exp(X)^m$ は $m \in \mathbf{Z}$ に対して成り立つ．そして定理 2.3 もこの考え方の中に含めて証明した方がわかりやすい．写像 exp はどの Lie 群の教科書にも書いてあるが，具体的な行列の場合にはあまりよく書いてない．ここでひとつ参考書をあげる．

[C] C. Chevalley, Theory of Lie Groups I, Princeton Univ. Press, 1946.

これはかなり古いが，それでも現代の読者にすすめたい本である．必要とする予備知識も多くない．行列の群の具体的なものについて詳しく書いてある．Lie 群はこれ一冊ですむわけではなく，もっと新しい本を読む必要もあるが，それでも [C] の価値がなくなるわけではない．

この章の考え方の応用として演習問題をつけ加える．

問題 1. $H_1, H_2 \in P_n$ で $H_1 > H_2$ ならば $\det(H_1) > \det(H_2)$ であることを証明せよ．（ヒント：$H_2 = 1_n$ の場合に帰着する．）

問題 2. $H \in P_n$ を (2.3) の形に書くとき $\det(H) \leqq \det(K) \det(D)$ であることを証明せよ．

問題 3. $A \in M_n(\mathbf{C})$ に対して $A + A^*$ が Hermite であることは明らかであるが，もしこれが正値定符号ならば $A \in GL_n(\mathbf{C})$ であることを証明せよ．

問題 4. $H = [h_{ij}]$ を正値定符号の n 次 Hermite 行列とするとき $\mathbf{R}$ 上の複素数値の関数 $f_1(x), ..., f_n(x)$ についての連立常微分方程式

$$f_i'(x) = \sum_{j=1}^n h_{ij} f_j(x) \quad (1 \leqq i \leqq n)$$

を解け．（ここでは易しくするために H を上の型のものにしたが，任意の $H \in GL_n(\mathbf{C})$ のときは微分方程式の初等的教科書に書いてある．Jordan の標準形を使えばよいのでむずかしくはない．）

ここまでに群とか環という言葉が出て来た．本書では $M_n(\mathbf{Q})$ とか $GL_n(\mathbf{R})$ のように具体的な集合を扱うから群とか環というものを一般的に定義する必要はほとんどないのであるが，そうは言っても，まったく定義しないのも不便なので，ここでいちおう定義しておく．

定義 2.7. 集合 G において $x, y \in G$ に対してその積 xy が定まり次の条件 (2.6a) と (2.6b) が成り立つとき G を**群**（group）と言う．

(2.6a)　$(xy)z = x(yz)$．
(2.6b)　次のふたつの条件 (i), (ii) を満たす元 e が G にある：(i) すべての $x \in G$ に対して $xe = ex = x$；(ii) 任意の $x \in G$ に対して $xx' = x'x = e$ となる $x' \in G$ がある．

群 G においてそのような e はただひとつであり G の**単位元**と呼び，しばしば 1 と書く．(ii) の x' も x に対しただひとつ定まり，$x' = x^{-1}$ と書く．$GL_n(\mathbf{R})$ は群のよい例である．群では (0.8) が成り立つ．

$xy = yx$ とは一般にならないが，$xy = yx$ がつねに成り立つとき G は**可換**であると言う．可換群では xy を $x + y$ と書くことがあって，そのとき G を**加法群**と呼ぶ．(2.6a) は $(x+y)+z = x+(y+z)$ となる．そして，(2.6b) の e を 0 と書く．つまり $x + 0 = 0 + x = x$ となる元 0 がある．そして $x + x' = x' + x = 0$ となる x' がある

ことになるがその x' を $-x$ と書く．たとえば **Z** は足し算について加法群である．

定義 2.8. 集合 A において，$x, y \in A$ に対してその和 $x+y$，積 xy が定まり次の条件 (2.7a, b, c) が成り立つとき A を環（ring）と言う．

(2.7a)　A は演算 $x+y$ に対して加法群である．
(2.7b)　積について $(xy)z = x(yz)$．
(2.7c)　$x(y+z) = xy + xz$, $(x+y)z = xz + yz$．

(2.7a) により，A は 0 を持つ．そのとき $x0 = 0x = 0$ がすべての x に対して成り立つ．積について $x \cdot 1 = 1 \cdot x = x$ がすべての x に対して成り立つような元 1 があれば，それはただひとつに定まり，A の単位元と呼ばれて，A は単位元を持つと言う．$M_n(\mathbf{C})$ は環のよい例である．

ただひとつの元 0 からなる集合 $\{0\}$ において $0+0 = 00 = 0$ とするとこれは環であるが，これは除外されることが多い．群や環の定義（特に群の定義）は教科書によって少しずつ違うが，結局は同じことになるから気にする必要はない．要するに群とは $GL_n(\mathbf{R})$ のようなもの，環とは $M_n(\mathbf{C})$ のようなものと思っていればよい．

群 G の部分集合 H があり

(2.8) $\begin{cases} 1 \in H; x \in H \implies x^{-1} \in H; \\ x, y \in H \implies xy \in H \end{cases}$

が成り立っているとき, H はそれ自身だけで群であり, これを G の**部分群**と言う. たとえば $SL_n(\mathbf{R})$ は $GL_n(\mathbf{R})$ の部分群である. もうひとつ, n 次のユニタリー行列全体を $U(n)$ と書くと, これは $GL_n(\mathbf{C})$ の部分群であり, n 次の**ユニタリー群**と呼ばれる.

同様に環 A の部分集合 B があって

(2.9) $\begin{cases} 0 \in B; x \in B \Longrightarrow -x \in B; \\ x, y \in B \Longrightarrow x+y, xy \in B \end{cases}$

が成り立っているとき B はそれだけで環であり, これを A の**部分環**と言う. たとえば $M_n(\mathbf{R})$ は $M_n(\mathbf{C})$ の部分環である.

次に単位元 1 を持つ環 A で $1 \neq 0$ であるものを考える. このとき $x \in A$ に対し $xx' = x'x = 1$ となる x' があれば, それはただひとつに定まり, そのとき $x' = x^{-1}$ と書き, x は**逆**を持つと言う. そして A の元で逆を持つもの全体を $A^\times$ と書けば, $A^\times$ が乗法に関し群になることが容易にわかる. たとえば $M_n(\mathbf{R})^\times = GL_n(\mathbf{R})$ である.

定義 2.9. 単位元 1 を持つ環で $1 \neq 0$ かつ $xy = yx$ が成り立つとする. そのとき A の 0 以外の元がつねに逆を持つとき A を**体**と呼ぶ.

これが体の定義である.

ここで群や環を教えるときのひとつのおすすめを書く. 通常教科書などでは置換群を例にしてあるのが多いが,

もし行列や行列式，つまり線形代数の知識を仮定してよければ，行列の群 $GL_n(\mathbf{R})$ やそれの部分群を例にするのが自然でも有効でもあると思う．ここでなお記号とふたつの定義をつけ加えておく．一般に G の部分集合 A と $x \in G$ に対して $xA = \{xa \mid a \in A\}$ とおく．Ax, xAy なども同様に定める．

群 G から群 G' への写像 φ があって，$x, y \in G$ に対して $\varphi(xy) = \varphi(x)\varphi(y)$ であるとき φ を G から G' への**準同型写像** (homomorphism) と呼ぶ．そのとき G' の単位元 e' をとり，

(2.10) $\quad \mathrm{Ker}(\varphi) = \{x \in G \mid \varphi(x) = e'\}$

とおくときこれは G の部分群となることはすぐわかる．これを φ の**核** (kernel) と呼ぶ．これは (1.1a) の類似である．$\mathrm{Ker}(\varphi) = \{1\}$ ならば

(2.11) $\quad \varphi(x) = \varphi(y) \Longrightarrow x = y$

となり，逆に (2.11) が成り立てば $\mathrm{Ker}(\varphi) = \{1\}$ となる．これは (1.4) の所で言ったことを含んでいる．さて $\mathrm{Ker}(\varphi) = \{1\}$ で $\varphi(G) = G'$ となるとき φ を G から G' の上への**同型写像** (isomorphism) と言う．その時 G は φ によって G' に同型であると言う．

次に G の部分群 N に対し，$xNx^{-1} = N$ が G のすべての x に対して成り立つとき N を G の**正規部分群** (normal subgroup) と呼ぶ．上の $\mathrm{Ker}(\varphi)$ はつねに G の正規

部分群であることが容易にわかる.

たとえば $G=GL_n(\mathbf{R})$, $G'=\mathbf{R}^\times$（実数の乗法群）, $x\in G$ に対して $\varphi(x)=\det(x)$ とすれば (0.1a) は φ が準同型写像であることを示している．そして $\mathbf{R}^\times$ の単位元は 1 だから (0.5) によって $\mathrm{Ker}(\varphi)=SL_n(\mathbf{R})$ となる．従って $SL_n(\mathbf{R})$ は $GL_n(\mathbf{R})$ の正規部分群である．

一般に G の正規部分群 N があるとき，任意の $x\in G$ に対して $xN=Nx$ となる．いま xN をひとつの元と考えて xN 達の全体をひとつの集合と考えてこれを G/N と書く．つまり G/N の元は xN である．そこで G/N のふたつの元 xN, yN の積を $xN\cdot yN=xyN$ によって定めると，G/N が群になることがわかる．G/N の単位元は N である．

一般に群 G から群 G' への準同型写像 φ があるとき $\varphi(G)$ は G' の部分群であり $G/\mathrm{Ker}(\varphi)$ は $\varphi(G)$ に同型であることが示される．以上は初等代数学の教科書に書いてあり，本書ではこれらの知識は必らずしも必要ではないが，そういう概念や定理を知っていた方がよりよく理解される場合がある．

易しい例をひとつ書く.

$$\mathbf{T}=\{z\in\mathbf{C}\,|\,|z|=1\}$$

とし $x\in\mathbf{R}$ に対して $\varphi(x)=e^{2\pi ix}$ とおくと $\varphi(x)\in\mathbf{T}$ であり $\varphi(x+y)=\varphi(x)\varphi(y)$ であるから φ は加法群 $\mathbf{R}$ から乗法群 $\mathbf{T}$ への準同型写像である．$\mathrm{Ker}(\varphi)=\mathbf{Z}$ となるから

R/Z（加法群）が T に同型というわけである．

ここでよく知られてはいるがあまり初等的な教科書には書いてない基本的事実を証明しよう．

定理 2.10. F を $\mathbf{Q}$ を含む体とする．φ を $GL_n(F)$ で定義され $F^\times$ に値を取る関数とし，$\varphi(\alpha\beta) = \varphi(\alpha)\varphi(\beta)$ が $\alpha, \beta \in GL_n(F)$ に対して成り立ち，しかも $\varphi(\alpha)$ が α の成分の F-係数の多項式として書かれるとすれば，適当な負でない整数 m があって $\varphi(\alpha) = \det(\alpha)^m$ となる．

証明．$GL_n(F)$ の元は次の三つの形の元いくつかの積として表わされる．(1) 対角行列；(2) $1_n + \gamma$ で $\gamma^2 = 0$ となるもの；(3) i-座標と j-座標を取りかえる行列．このことは通常「座標変換は簡単な三つの型の変換を組み合わせることで得られる」という形で線形代数の教科書に書いてあり，それが上の三つの形の行列に帰着される．(3) で $i=1, j=2$ ならば行列は $\mathrm{diag}[\varepsilon, 1_{n-2}], \varepsilon = \begin{bmatrix} 0 & 1 \\ 1 & 0 \end{bmatrix}$, となる．実はこの形の行列は (1) と (2) の型のものの積になる．実際 ε の所だけ見ると

$$\begin{bmatrix} 0 & 1 \\ 1 & 0 \end{bmatrix} = \begin{bmatrix} -1 & 0 \\ 0 & 1 \end{bmatrix} \begin{bmatrix} 1 & -1 \\ 0 & 1 \end{bmatrix} \begin{bmatrix} 1 & 0 \\ 1 & 1 \end{bmatrix} \begin{bmatrix} 1 & -1 \\ 0 & 1 \end{bmatrix}$$

となり，右側の最初の因子は (1) の型で，あとの三つはすべて (2) の型である．

しかし $\varepsilon = \begin{bmatrix} 0 & 1 \\ 1 & 0 \end{bmatrix}$ を考えに入れた方がよい理由がある．まず $\varphi(1_n) = 1$ は明らか．$\beta = \mathrm{diag}[\varepsilon, 1_{n-2}]$ として

$\beta^2 = 1_n$ だから $\varphi(\beta)^2 = \varphi(\beta^2) = 1$, 故に $\varphi(\beta) = \pm 1$ である.

次に $\alpha = 1_n + \gamma, \gamma^2 = 0$ として $\varphi(1_n + \gamma) = f(\gamma)$ とおくと $f(\gamma)$ は γ の成分の多項式であって, その総次数を s とする. $1 < k \in \mathbf{Z}$ に対して $(1_n + \gamma)^k = 1_n + k\gamma$ であるから $f(\gamma)^k = \varphi(1_n + \gamma)^k = \varphi(1_n + k\gamma) = f(k\gamma)$. ここで両辺の γ の成分に関する総次数を比較すると $ks = s$ となり $s = 0$ でなければならない. つまり $f(\gamma)$ は常数で, それを c と書くと $c^k = c$, ここで $k = 2$ とすれば $c = 1$ がわかる. つまり, 型 (2) の α に対しては $\varphi(\alpha) = 1$.

次に $\alpha = \mathrm{diag}[1_t, x, 1_u]$ として $\varphi(\alpha) = g(x)$ とおくと g は x の多項式であり $g(x)^k = g(x^k)$ だから $g(x) = ax^r + bx^{r-1} + \cdots$ としてみると $g(x) = x^r$ であることが容易にわかる. ($r = 0$ ならば $g(x) = 1$.) 任意の対角行列はそのような形の α の n 個の積だから $\varphi(\mathrm{diag}[x_1, ..., x_n]) = x_1^{r_1} \cdots x_n^{r_n}$ となる $r_1, ..., r_n$ がある. ここで上で使った ε と $\beta = \mathrm{diag}[\varepsilon, 1_{n-2}]$ によって

$$\beta \cdot \mathrm{diag}[x_1, x_2, ..., x_n] \beta = \mathrm{diag}[x_2, x_1, ..., x_n]$$

となり, これの φ の値を考えると $\varphi(\beta) = \pm 1$ であったから $x_1^{r_1} x_2^{r_2} \cdots x_n^{r_n} = x_1^{r_2} x_2^{r_1} \cdots x_n^{r_n}$ となり, $r_1 = r_2$ がわかる. 同様にして $r_1 = \cdots = r_n$ となるから, この共通の値を r とすれば α が型 (1) ならば $\varphi(\alpha) = \det(\alpha)^r$ である. 型 (2) の α に対しても $\varphi(\alpha) = 1 = \det(\alpha)^r$ であり $GL_n(F)$ の元はすべてこのふたつの型の元のいくつかの積であるか

ら $\varphi(\alpha) = \det(\alpha)^r$ がすべての $\alpha \in GL_n(F)$ に対して成り立つ．（証終）

3. ベクトル積から外積代数まで

三次元ベクトル空間 $\mathbf{R}^3$ でベクトル積というものがある．$\mathbf{R}^3$ に属するベクトル $a=(a_1,a_2,a_3)$ と $b=(b_1,b_2,b_3)$ に対して

$$(3.1)\quad a\times b = \left(\begin{vmatrix}a_2 & a_3\\ b_2 & b_3\end{vmatrix},\begin{vmatrix}a_3 & a_1\\ b_3 & b_1\end{vmatrix},\begin{vmatrix}a_1 & a_2\\ b_1 & b_2\end{vmatrix}\right)$$

とおく．これも $\mathbf{R}^3$ のベクトルであって，それを a と b の**ベクトル積**（vector product）または**外積**（outer product）と呼ぶ．これに対して

$$\langle a,b\rangle = a_1b_1+a_2b_2+a_3b_3$$

とおく．これは実数で，a と b の**内積**（inner product）と呼ばれる．内積は何次元のベクトル空間でも定義できる．次元を n として，$\mathbf{R}^n$ の元 $a=(a_1,...,a_n)$ と $b=(b_1,...,b_n)$ に対して

$$(3.2)\quad \langle a,b\rangle = a_1b_1+a_2b_2+\cdots+a_nb_n$$

とおいてこれを a と b の**内積**と呼ぶ．しかし (3.1) のような外積は $n\neq 3$ のときに $\mathbf{R}^n$ では定義できない．それを変に思った人はかなりいるのではないかと思われる．数学

で2次元とか3次元だとすっきりできるが4次元以上だとうまくいかないという現象はかなりあって，それは仕方がないのであるが，外積の場合はそれと違った性格の問題があり，n次元（$n \geqq 3$）でもできないことはないのである．その説明をする前にひとつの公式を書く．$\mathbf{R}^3$のもうひとつのベクトル$c = (c_1, c_2, c_3)$を取ると

$$(3.3) \qquad \langle a \times b, c \rangle = \begin{vmatrix} a_1 & a_2 & a_3 \\ b_1 & b_2 & b_3 \\ c_1 & c_2 & c_3 \end{vmatrix}$$

となって，これは（3.1）から容易に導びかれる．

さて$n \geqq 3$としてn個のn次元ヨコベクトル$a_i = [a_{i1}\ a_{i2}\ \cdots\ a_{in}]$（$1 \leqq i \leqq n$）をとり，その成分を並べた$n$次の正方行列を作る．わかり易くするために$n=4$として，ベクトルを

$$a = [a_1\ a_2\ a_3\ a_4], \quad b = [b_1\ b_2\ b_3\ b_4],$$
$$c = [c_1\ c_2\ c_3\ c_4], \quad d = [d_1\ d_2\ d_3\ d_4]$$

とすると4次の正方行列

$$X = \begin{bmatrix} a_1 & a_2 & a_3 & a_4 \\ b_1 & b_2 & b_3 & b_4 \\ c_1 & c_2 & c_3 & c_4 \\ d_1 & d_2 & d_3 & d_4 \end{bmatrix}$$

を得る．この下3行だけに注目して，4次元ベクトル$[b, c, d]$を

$$(3.4) \quad [b,c,d] = \left(\begin{vmatrix} b_2 & b_3 & b_4 \\ c_2 & c_3 & c_4 \\ d_2 & d_3 & d_4 \end{vmatrix}, -\begin{vmatrix} b_1 & b_3 & b_4 \\ c_1 & c_3 & c_4 \\ d_1 & d_3 & d_4 \end{vmatrix}, \right.$$
$$\left. \begin{vmatrix} b_1 & b_2 & b_4 \\ c_1 & c_2 & c_4 \\ d_1 & d_2 & d_4 \end{vmatrix}, -\begin{vmatrix} b_1 & b_2 & b_3 \\ c_1 & c_2 & c_3 \\ d_1 & d_2 & d_3 \end{vmatrix} \right)$$

で定める．このとき $\mathbf{R}^4$ の中で内積 $\langle a, [b,c,d] \rangle$ を考える．（内積は (3.2) で $n=4$ としたものである．）すると

$$(3.5) \qquad \langle a, [b,c,d] \rangle = \det(X)$$

が容易にわかる．実は (3.4) での各行列式の正負は (3.5) が成り立つように定めたのである．

一般の n 次元空間 $\mathbf{R}^n (n \geqq 3)$ ならば $n-1$ 個のヨコベクトル $x_2, ..., x_n \in \mathbf{R}^n$ に対して $[x_2, ..., x_n]$ と書く $\mathbf{R}^n$ の元が定まって

$$(3.6) \qquad \langle x_1, [x_2, ..., x_n] \rangle = \det \begin{bmatrix} x_1 \\ x_2 \\ \vdots \\ x_n \end{bmatrix}$$

となるように出来る．ここで右辺の行列は x_i を第 i 行とする n 次正方行列で，その行列式が左辺の内積に等しいというのであり，(3.5) は (3.6) の $n=4$ の場合である．さらに $n=3$ とすれば $[x_2, x_3]$ が $x_2 \times x_3$ であり (3.3) は（ベクトルの順序を変えれば）これもまた

(3.6) の特別の場合になっている．

しかし，実際にはこの $[x_2,...,x_n]$ を使うことはない．それは，この種の演算をするのには Grassmann 代数または**外積代数**（Grassmann algebra, exterior algebra）という理論があって，その特別の場合と考えた方がよいからである．

この代数の理論を簡単に説明してみよう．体 F 上の n 次元線形空間 V を取る．（$F=\mathbf{R}, V=\mathbf{R}^n$ としてよい．）このとき $\bigwedge V$ と書かれる F 上 2^n 次元の線形空間があり，次の性質を持つ．

(3.7a) $x, y \in \bigwedge V$ に対し $x \wedge y$ と書かれる $\bigwedge V$ の元があり $a, b \in F$ に対して次が成り立つ：

$$(x \wedge y) \wedge z = x \wedge (y \wedge z), \quad a(x \wedge y) = ax \wedge y = x \wedge ay,$$
$$(ax+by) \wedge z = ax \wedge z + by \wedge z,$$
$$x \wedge (ay+bz) = ax \wedge y + bx \wedge z.$$

(3.7b) $\bigwedge V$ は部分空間 $\bigwedge^0 V, \bigwedge^1 V, ..., \bigwedge^n V$ の直和であり，$\dim(\bigwedge^r V) = \dfrac{n!}{r!(n-r)!}$．特に $\bigwedge^0 V = F$, $\bigwedge^1 V = V$ である．

(3.7c) $x, y \in V$ に対して $x \wedge x = 0, x \wedge y = -y \wedge x$．

(3.7d) V の F 上の基ベクトル $e_1, ..., e_n$ を取れば $e_{i_1} \wedge \cdots \wedge e_{i_r}, i_1 < \cdots < i_r$ の形の元が $\bigwedge^r V$ の基ベクトルになる．（$r=0$ なら $\bigwedge V = F = F \cdot 1$．）

面倒のように見えるが最後の 2 条件から出発すれば容易である．$n=4$ として V の基ベクトル e_1, e_2, e_3, e_4 を取り，$e_i \wedge e_j \wedge e_k$ のような形の積を作り，(3.7c) にある条件 $e_i \wedge e_i = 0, e_i \wedge e_j = -e_j \wedge e_i$ を使って $\bigwedge V$ を張るのに最小限必要なものだけを考えると

(3.8)
$$\begin{cases} 1, \\ e_1, e_2, e_3, e_4, \\ e_1 \wedge e_2, e_1 \wedge e_3, e_1 \wedge e_4, e_2 \wedge e_3, e_2 \wedge e_4, e_3 \wedge e_4, \\ e_1 \wedge e_2 \wedge e_3, e_1 \wedge e_2 \wedge e_4, e_1 \wedge e_3 \wedge e_4, e_2 \wedge e_3 \wedge e_4, \\ e_1 \wedge e_2 \wedge e_3 \wedge e_4. \end{cases}$$

たとえば $e_4 \wedge e_2 \wedge e_1 = -e_2 \wedge e_4 \wedge e_1 = e_2 \wedge e_1 \wedge e_4 = -e_1 \wedge e_2 \wedge e_4$ である．(3.8) の第 1 行の 1 は $\bigwedge^0 V = F$ の基ベクトル，第 2 行は $\bigwedge^1 V = V$ の基ベクトル，第 3, 4 行はそれぞれ $\bigwedge^2 V, \bigwedge^3 V$ の基ベクトルを与える．$\bigwedge^4 V$ は 1 次元で，$e_1 \wedge e_2 \wedge e_3 \wedge e_4$ がその基ベクトルになる．だから $\bigwedge^0 V$ から $\bigwedge^4 V$ までの各次元は 1, 4, 6, 4, 1 でその和 $16 = 2^4$ が $\bigwedge V$ の次元となる．$n > 4$ でも同様に書けることは明らかであろう．条件 (3.7a, b, c, d) をみたすものをより抽象的に構成するやり方もあるが，ここに書いただけで十分と思われる．(もちろんこれだけで厳密と言うわけではない．)

さて $x = \sum_{i=1}^4 a_i e_i, y = \sum_{i=1}^4 b_i e_i$ に対して $x \wedge y$ を普通に計算すると

$$(3.9) \qquad x \wedge y = \sum_{i<j \leq 4}(a_i b_j - a_j b_i) e_i \wedge e_j.$$

ひとつ注意しておくと，$u \in \bigwedge^r V$, $v \in \bigwedge^s V$ で $r+s>n$ ならば $u \wedge v = 0$ であり，$r+s \leq n$ ならば $u \wedge v \in \bigwedge^{r+s} V$ である．上に $n=4$ で $\bigwedge^4 V = F(e_1 \wedge e_2 \wedge e_3 \wedge e_4)$ を示したが，より一般の n では (3.7d) により $\bigwedge^n V$ は $e_1 \wedge \cdots \wedge e_n$ を基ベクトルとする1次元空間である．

(3.6) のような式は $\bigwedge V$ で考えるとすっきりする．それを説明するために n 個の V の元 $x_i = \sum_{j=1}^n a_{ij} e_j$ $(1 \leq i \leq n, a_{ij} \in F)$ を考える．このとき

$$(3.10) \qquad x_1 \wedge \cdots \wedge x_n = \det(a_{ij}) \cdot e_1 \wedge \cdots \wedge e_n$$

となる．その証明は次の通り．$\bigwedge^n V = F(e_1 \wedge \cdots \wedge e_n)$ であるから $\bigwedge^n V$ の元 $x_1 \wedge \cdots \wedge x_n$ は，F の元 φ をとって $x_1 \wedge \cdots \wedge x_n = \varphi \cdot e_1 \wedge \cdots \wedge e_n$ と書かれる．今 $a_{i1}, ..., a_{in}$ を成分とするベクトルを a_i とすれば φ は $a_1, ..., a_n$ の関数で，$\varphi = \varphi(a_1, ..., a_n)$ とおけば

$$(3.11) \qquad x_1 \wedge \cdots \wedge x_n = \varphi(a_1, ..., a_n) \cdot e_1 \wedge \cdots \wedge e_n$$

と書くことが出来る．左辺で x_h と x_{h+1} を取りかえると -1 倍になって，それは a_h と a_{h+1} の交換だから

$$(3.12) \qquad \varphi(..., a_h, a_{h+1}, ...) = -\varphi(..., a_{h+1}, a_h, ...)$$

となる．また $\varphi(a_1, ..., a_n)$ が各 a_h について線形関数であることもすぐわかる．そのような n 個のベクトル $a_1, ...,$

a_n の関数で (3.12) を満たすものは $\det(a_{ij})$ の常数倍であるという行列式の基本定理があるから $\varphi(a_1,...,a_n) = c \cdot \det(a_{ij})$ となる F の元 c がある. そこで $x_1 = e_1,..., x_n = e_n$ とすれば (3.11) により $\varphi(a_1,...,a_n) = 1$, 一方このとき $[a_{ij}] = 1_n$ で $\det(a_{ij}) = 1$ だから $c = 1$ を得る. つまり $\varphi(a_1,...,a_n) = \det(a_{ij})$ となり, (3.10) が証明された.

次に $e_1,...,e_n$ を固定して, V での内積を

$$(3.13) \quad \langle \sum_{i=1}^n a_i e_i, \sum_{i=1}^n b_i e_i \rangle = \sum_{i=1}^n a_i b_i$$

で定める. これは (3.2) と同じことである. また $x \in \bigwedge^r V$ と $y \in \bigwedge^{n-r} V$ に対して $x \wedge y \in \bigwedge^n V$ であるから $[x,y] \in F$ を

$$(3.14) \qquad x \wedge y = [x,y] \cdot e_1 \wedge \cdots \wedge e_n$$

で定めることが出来る.

ここで $r = 1, x \in \bigwedge^1 V = V, y \in \bigwedge^{n-1} V$ のとき, y を固定して, $[x,y]$ を x の関数と見ると, これは V から F への線形写像であるから, よく知られた原理によって $[x,y] = \langle x, \eta \rangle$ がすべての $x \in V$ に対して成り立つような $\eta \in V$ が定まる. この時 $y \mapsto \eta$ が $\bigwedge^{n-1} V$ から V への 1 対 1 線形写像であることも容易にわかる.

(3.6) にもどって $x_i = (x_{i1},...,x_{in}), y = x_2 \wedge \cdots \wedge x_n$ とすると (3.10) により

$$x_1 \wedge y = x_1 \wedge x_2 \wedge \cdots \wedge x_n = \det(x_{ij}) \cdot e_1 \wedge \cdots \wedge e_n$$

であるから，これと (3.14) をくらべて $[x_1, y] = \det(x_{ij})$ を得て，$\langle x_1, \eta \rangle = \det(x_{ij})$ となる．従って (3.6) できめた $[x_2, ..., x_n]$ は $x_2 \wedge \cdots \wedge x_n$ に対応する V の元 η ということになる．つまり $[x_2, ..., x_n]$ は実は $x_2 \wedge \cdots \wedge x_n$ を $\bigwedge^{n-1} V$ から V に移したものだったのである．

説明が少し長くなったが寄り道をしたわけではない．このように外積代数はベクトル積の意味を理解し易くしてくれるが，それ以上に，この代数は微積分の教科書にあるベクトル解析の算法の見通しをよくして，しかもその n 次元への拡張を与えてくれるのである．教科書には通常 Gauss, Green, Stokes などの名をつけた公式がいくつか与えられているが，ここではそのひとつを（ベクトル積を含まない形で）書く．

$$(3.15) \quad \int_C \{f(x,y,z)dx + g(x,y,z)dy + h(x,y,z)dz\}$$
$$= \int_S \Big\{ \Big(\frac{\partial g}{\partial x} - \frac{\partial f}{\partial y}\Big) dxdy$$
$$+ \Big(\frac{\partial h}{\partial y} - \frac{\partial g}{\partial z}\Big) dydz + \Big(\frac{\partial f}{\partial z} - \frac{\partial h}{\partial x}\Big) dzdx \Big\}$$

ここで S は閉曲線 C で囲まれた $\mathbf{R}^3$ 内の曲面，f, g, h は $\mathbf{R}^3$ の座標 x, y, z の関数，$\int_C$ はいわゆる線積分，$\int_S$ は面積分でその正確な定義，たとえば C の向きなどについては教科書を見られたい．

ところでこの公式でどの偏微分の符号が正でどれが負であるのか，わずらわしく思った読者は多いと思う．実は，それをおぼえていなくてもすぐ書ける"秘法"がある．それは通常

$$(3.16) \qquad \int_{\partial S} \omega = \int_S d\omega$$

と書かれ，**Gauss-Stokes** の公式と呼ばれる式があり，(3.15) はこれの特別な場合と見ればよいのである．

これを説明するには微分形式とその外微分の概念が必要であるがそれは難しくない．まず $\mathbf{R}^n$ 上の座標関数 $x_1, ..., x_n$ の微分 $dx_1, ..., dx_n$ を考える．これに意味をつけることはできるが，さしあたり単なる記号として，それらで張られる $\mathbf{R}$ 上の n 次元線形空間 W の基ベクトルとしておけばよい．つまり $W = \sum_{i=1}^n \mathbf{R} dx_i$．さてこの W の外積空間 $\bigwedge W$ を作る．これは (3.7d) で e_i の代りに dx_i を取ったもので，$dx_{i_1} \wedge \cdots \wedge dx_{i_r}$ ($i_1 < \cdots < i_r$, $0 \leq r \leq n$) で張られていて，$dx_i \wedge dx_i = 0$, $dx_i \wedge dx_j = -dx_j \wedge dx_i$ である．

次に，$\mathbf{R}^n$ 内のある領域 D で定義されて $\bigwedge^r W$ に値をとる関数を D における r 次の**微分形式**という．簡単に言えばそれは

$$(3.17) \qquad \omega = \sum_{i_1 < \cdots < i_r} f_{(i)}(x) dx_{i_1} \wedge \cdots \wedge dx_{i_r}$$

と書かれる式のことである．ここで $f_{(i)}(x)$ は $x \in D$ で定義された関数で (i) は $(i_1, ..., i_r)$ を略したものである．こ

の関数ばかりでなく本章に現れる関数は連続であり，何回でも偏微分できるものとする．とくに $r=1$ とすると

(3.17a) $$\omega = f_1(x)dx_1 + \cdots + f_n(x)dx_n$$

となり，$r=n$ ならば D における関数 g により

(3.18) $$\omega = g(x)dx_1 \wedge \cdots \wedge dx_n$$

と書かれる．0次微分形式は単に D 上の関数である．

さて微分形式 ω の**外微分** $d\omega$ を次のように定義する．ω が r 次ならば $d\omega$ は $r+1$ 次の微分形式で，だから ω が n 次ならば $d\omega = 0$．0次の微分形式は関数 $h(x)$ であり，その外微分 dh は1次の微分形式であって

(3.19) $$dh = \sum_{i=1}^{n} \frac{\partial h}{\partial x_i} dx_i$$

で定義する．(3.17) の ω に対しては

(3.20) $$d\omega = \sum_{i_1 < \cdots < i_r} df_{(i)} \wedge dx_{i_1} \wedge \cdots \wedge dx_{i_r}$$

とする．$r=1$ で ω が (3.17a) で与えられているならば

$$d\omega = \sum_{i=1}^{n} \sum_{j=1}^{n} \frac{\partial f_j}{\partial x_i} dx_i \wedge dx_j$$

となり，$dx_i \wedge dx_i = 0, dx_i \wedge dx_j = -dx_j \wedge dx_i$ を使えば

$$d\omega = \sum_{i<j} \Big(\frac{\partial f_j}{\partial x_i} - \frac{\partial f_i}{\partial x_j}\Big) dx_i \wedge dx_j$$

となる．一般に $d\omega$ が矛盾なく定義できて，しかも $d(d\omega) = 0$ であることもわかる．

ここで (3.16) にもどると, S は $\mathbf{R}^n$ の中の $r+1$ 次元の超曲面（$r=1$ なら曲面）, ∂S はその境界でその次元は r である.（∂ は一般に境界を表わす記号.）ω は S および ∂S を含むある領域 D で定義された r 次の微分形式, だから $d\omega$ は $r+1$ 次の微分形式である. それらの S や ∂S における積分が (3.15) の $\int_C$ や $\int_S$ のように定義されて (3.16) が成り立つというのである.

ここで (3.15) が (3.16) の特別な場合であることを示そう. $C=\partial S, \omega = fdx+gdy+hdz$ として $d\omega$ を形式的に

(3.21)　　$dx \wedge dx = 0, \quad dx \wedge dy = -dy \wedge dx,$

$$d(fdx) = df \wedge dx,$$

$$df = (\partial f/\partial x)dx+(\partial f/\partial y)dy+(\partial f/\partial z)dz$$

などを使って計算すれば

$$d\omega = df \wedge dx + dg \wedge dy + dh \wedge dz$$
$$= \left(\frac{\partial f}{\partial z}-\frac{\partial h}{\partial x}\right)dz \wedge dx$$
$$+\left(\frac{\partial g}{\partial x}-\frac{\partial f}{\partial y}\right)dx \wedge dy + \left(\frac{\partial h}{\partial y}-\frac{\partial g}{\partial z}\right)dy \wedge dz$$

が出る. だから (3.15) が (3.16) に含まれているし, また符号をどうきめるかは (3.21) から自然にきまってしまう. これが前に言った"秘法"の意味である.

ひとつ注意をつけ加える. (3.15) の右辺の $\int_S$ を $\iint_S$ と書くことがあるが, r 次元のとき $\int \cdots \int$ のように書く

のはわずらわしいので単に $\int_S$ と書く．これは高次元の測度空間の積分でもそうであって，要は，その記号が何を示しているかがわかっていれば記号は短かくて簡単であってよいのである．もうひとつ，$\int_S$ とか $\int_{\partial S}$ を正確に定義するには S や ∂S に"向き"をつける必要があるが，それには立ち入らない．

ここで公式 (3.16) の最小次元，最小次数の場合について説明しておこう．空間は1次元の実直線 $\mathbf{R}$ で，ω の次数を 0 とすると，ω は関数 $f(x)$ であり，$d\omega = df = f'(x)dx$ となる．S としては $\mathbf{R}$ 上の閉区間 $[a,b]$ を取ると $\partial S = [b] - [a]$ と書かれる．ここで実数 a を点と見たものを $[a]$ と書き，それに"向き"をつけて負の点とするとき $-[a]$ と書く．

さて公式 (3.16) の両辺はこの場合

$$\int_{\partial S} \omega = \int_{[b]-[a]} f = f(b) - f(a), \quad \int_S d\omega = \int_a^b f'(x)dx$$

となるから，等式 (3.16) は

$$(3.22) \qquad f(b) - f(a) = \int_a^b f'(x)dx$$

となる．これは微分積分学の基本定理であり，それが (3.16) の最も簡単な場合なのである．逆に考えれば (3.16) は (3.22) を高次元の空間，高次数の ω にしたものであり，従って (3.16) を微積分の初等課程で教えることの自然さが納得できるであろう．

この章の目的は，外積，微分形式，外微分などの概念が

あって，それらはたいして難しいことではないことを知ってもらいたいということである．すでに大学の初年級でこれを教えている人もあると思うが，そうでない人も，教えるのにさほど面倒ではないことを知って，教えることが普通になってほしいと思う．

厳密な証明など忘れて，さしあたり微分形式 ω の外微分 $d\omega$ の計算法に必要な（3.21）をおぼえるだけでも十分役に立つであろう．これは三角関数のいろいろな公式よりははるかにおぼえ易いのではないか．

外微分の概念を導入したのは E. Cartan ではないかと思うが，確かでない．何か定理を証明した人の名は残るが，こういう重要な概念の創始者の名が残らないのは残念である．

日本語の教科書で外微分や（3.16）を説明した本はもちろんあるが，果して大学初年級の微積分のレベルで書かれたものがあるかどうかは知らない．ここでひとつそのレベルの英文のものをあげておく．

[Sp] M. Spivak, Calculus on Manifolds, Benjamin, New York, 1965.
これは新らしい版もあり，このほかにもいろいろある．

上に創始者の名をつけることについて注意したが，この種の「名付親」になるのには慎重でなくてはならない．いろいろ変な例がある．たとえば Hilbert のモジュラー群というのがある．これについて彼は自分の研究を残さなかったが彼の指導の下に Blumenthal や

Hecke が論文を書いた（1903, 1912）．この群は長らく単に Hilbert の名だけで呼ばれていたが，1980 年代頃からか Hilbert-Blumenthal で呼ぶ人が現れ，それをまねする者もふえた．つまり，最初に論文を書いたのは Blumenthal だからだということと思われるが，これには問題がある．その論文は重要な点で間違っていて，ほとんど役に立たないものであった．だからその名を付けると，いつでもそのことを思い起こさなければならず，Blumenthal にとってあまり名誉な話ではないのである．おそらくその名を付けた人はそんなことは知らない無知無学の人であったと思われる．この群について基本的なことをきちんとやったのは Maass の 1938-39 年頃の論文である．ついでながら Hecke の論文も別の意味の間違いがある．

別の例をあげると，整数論において基本的な「平方剰余の相互律」というのがあって，これは通常誰の名前もついていない．これを証明したのは Gauss であるが，だからと言ってこれを Gauss の相互律と呼ぶのはよくない．それは，この相互律が成り立つであろうということは古くから，たぶん Euler あたりから知られていて，それら前代の多くの研究者の影響の下に Gauss が証明したのである．何でも最後に出て来てやった人が一番えらいのではない．なお Gauss はこればかりでなく，ほかの，二次形式などについても Lagrange や Legendre の研究のおかげをこうむっていることも記憶すべきである．

代数や微積分，複素解析，代数的整数論その他無数の教

科書を書いたアメリカ人がいる．この人の書物に間違いが多くいいかげんであるということはよく知られているが，その上この人は変な名を付けることが好きだから注意してまねしない方がよい．その一方，Dedekind のゼータ関数の $s=1$ での留数についての有名な結果には何の名も付けていない．実は，これは Dedekind の定理と呼んでもよいのであるが．

もうひとつ，上に書いたように間違った論文や教科書があり，実はその数は非常に多い，ということがある．たとえば Gauss の「代数学の基本定理」の証明は今日の眼からみるととても証明とは言えないようなものであった．だから後世の教科書は「あれは間違っていた」とは言わず，その時代のレベルで正しい証明を書いたのである．もっともこの場合その定理を言明したのは Gauss が最初であるから相互律の話とは違う．

現代，というより二十世紀になってからは，なにが厳密な証明であるかが明らかになったが，それでも数多くの間違った論文が発表された．いろいろの場合があって，間違っていることが，たとえば五年以内にわかって，専門家は誰でも知っているが，初心者は知らないというのがある．そうではなく，十年，二十年たっても，誰かが注意するまでは正しいとして通用している場合もある．著者の中には，他人の（または自分の）結果を自分に都合のよい強い形に書き変えてそれを引用する者がある．そういう不正直者の数は少ないし，また不正直の程度にもいろいろある

が，とにかくいることはいるのである．疑い深くなれとまでは言わないが，気を付けた方がよい．

　ひとつ変った例をつけ加えておこう．それは，適当な条件のもとに $\lim f(x)/g(x) = \lim f'(x)/g'(x)$ であるという L'Hospital の定理で，これはたいていの微積分の教科書にある．その名の人が 1781 年に発表したが，彼の死後 Johann Bernoulli が「それは自分が発見して L'Hospital に教えたのだ」と言った．実はふたりの間に契約があって，Bernoulli の結果を L'Hospital が自分の名で発表し，その代りに何等かの報酬を与えたのだという．Mozart のレクイエムより話が小さいが似たようなことは外にもまだあると思われる．

4. 四元数環の重要性

Hamilton の**四元数環**（quaternion algebra）というものがあり，これはベクトル積や外積などと密接な関係があって，また複雑な歴史がからんでいる．しかし今日ではこれは外積などとはまったく独立に考えた方がよい．いずれにせよ重要な概念であるが，その重要性が案外認識されていないように思われるので，定義から始めて詳しく説明してみよう．

この四元数環を $\mathbf{H}$ と書くと，$\mathbf{H}$ は $\mathbf{R}$ 上 4 次元の線形空間であり，$x, y \in \mathbf{H}$ に対し積 $xy \in \mathbf{H}$ がきまり，次の性質を持つ．

(4.1) $(xy)z = x(yz), \quad (ax)y = a(xy) = x(ay),$

(4.2) $\begin{cases} (ax+by)z = a(xz) + b(yz), \\ x(ay+bz) = a(xy) + b(xz). \end{cases}$

ここで $x, y, z \in \mathbf{H}$, $a, b \in \mathbf{R}$ である．さらにすべての $x \in \mathbf{H}$ に対して $x1 = 1x = x$ となる元 1 がきまる．$\mathbf{H}$ は線形空間として 0 という元を持つが，$x0 = 0x = 0$ がすべての $x \in \mathbf{H}$ に対して成り立つことが容易にわかる．そこで $a \in \mathbf{R}$ に対して $a1$ と a を同一視して $\mathbf{R}$ を $\mathbf{H}$ の部分集合

とみなす．なお $xy = yx$ は成り立たない場合の方が多い．簡単のため $(xy)z$ や $a(xy)$ は xyz, axy と書く．

これで $\mathbf{H}$ の定義がすんだのではない．$\mathbf{H}$ には3個の特別な元 $\mathbf{i}, \mathbf{j}, \mathbf{k}$ があって次の性質を持つ．$\{1, \mathbf{i}, \mathbf{j}, \mathbf{k}\}$ は $\mathbf{H}$ の $\mathbf{R}$ 上の基となり，さらに

(4.3) $$\mathbf{i}^2 = \mathbf{j}^2 = \mathbf{k}^2 = -1,$$

(4.4) $\quad \mathbf{ij} = -\mathbf{ji} = \mathbf{k}, \mathbf{jk} = -\mathbf{kj} = \mathbf{i}, \mathbf{ki} = -\mathbf{ik} = \mathbf{j}$

となる．以上が $\mathbf{H}$ の定義である．だから複素数体 $\mathbf{C}$ を $\mathbf{R} + \mathbf{R}i$ で定義するように，$\mathbf{H} = \mathbf{R} + \mathbf{R}i + \mathbf{R}j + \mathbf{R}k$ とおく．つまり，a, b, c, d を実数として $a + b\mathbf{i} + c\mathbf{j} + d\mathbf{k}$ のような式の全体を $\mathbf{H}$ とする．そこで積を (4.3), (4.4) を使って定義する，と言ってもよい．しかし (4.1) や (4.2) のような規則が実際成り立つかどうか確かめるのは面倒である．

もっとうまいやり方があるのでそれをここに書く．$\mathbf{C}$ 上の2次の行列全体 $M_2(\mathbf{C})$ を考えて，その部分集合として

(4.5) $$\mathbf{H} = \left\{ \begin{bmatrix} c & d \\ -\bar{d} & \bar{c} \end{bmatrix} \middle| c, d \in \mathbf{C} \right\}$$

を考える．$M_2(\mathbf{C})$ は $\mathbf{R}$ 上の8次元線形空間であるが，$\mathbf{H}$ がその $\mathbf{R}$ 上4次元の部分空間であることはすぐわかる．さらに $x = \begin{bmatrix} c & d \\ -\bar{d} & \bar{c} \end{bmatrix}, y = \begin{bmatrix} r & s \\ -\bar{s} & \bar{r} \end{bmatrix}$ とすれば行列の掛け算で

$$xy = \begin{bmatrix} cr - d\bar{s} & cs + d\bar{r} \\ -\bar{c}\bar{s} - \bar{d}r & \bar{c}\bar{r} - \bar{d}s \end{bmatrix}$$

となり，これが (4.5) に属することはすぐわかるから **H** は行列の積で閉じていることになる．つまり **H** の元 x, y に対しその積 xy が **H** の元として定まる．ところで (4.1) や (4.2) は $x, y, z \in M_2(\mathbf{C})$ のときに正しいから **H** の中でももちろん正しい．(2.9) の所で定義した言葉を使えば **H** は $M_2(\mathbf{C})$ の部分環である．次に

(4.6) $\quad \mathbf{i} = \begin{bmatrix} i & 0 \\ 0 & -i \end{bmatrix}, \; \mathbf{j} = \begin{bmatrix} 0 & 1 \\ -1 & 0 \end{bmatrix}, \; \mathbf{k} = \begin{bmatrix} 0 & i \\ i & 0 \end{bmatrix}$

とおくと，これらは **H** に属し，$\{1, \mathbf{i}, \mathbf{j}, \mathbf{k}\}$ が **H** の **R** 上の基であり，(4.3) と (4.4) が成り立つことが確かめられる．

これで (4.5) で定めた **H** が我々の求める四元数環を与えることがわかったが，この方法にはいくつかの余得がある．

まず **H** の元 $x = a + b\mathbf{i} + c\mathbf{j} + d\mathbf{k}$ に対してその共役 x^* を

$$x^* = a - b\mathbf{i} - c\mathbf{j} - d\mathbf{k}$$

で定めると

(4.7) $\quad (x^*)^* = x, \; (xy)^* = y^* x^*$

が成り立つ．この始めの方は明らかだが後者は次のように示すことができる．(4.6) を使えば

$$x = a+b\mathbf{i}+c\mathbf{j}+d\mathbf{k} = \begin{bmatrix} a+bi & c+di \\ -c+di & a-bi \end{bmatrix}$$

となるが，ここで $a+bi=\alpha, c+di=\beta$ とおけば $x = \begin{bmatrix} \alpha & \beta \\ -\overline{\beta} & \overline{\alpha} \end{bmatrix}$ であり，ここで b,c,d を $-b,-c,-d$ とすると $x^* = \begin{bmatrix} \overline{\alpha} & -\beta \\ \overline{\beta} & \alpha \end{bmatrix}$ となり，ちょうど $x^* = {}^t\overline{x}$ を得る．だから前に行列の演算のところで注意したように $(xy)^* = y^*x^*$ であるから求める公式を得る．

次に $x=a+b\mathbf{i}+c\mathbf{j}+d\mathbf{k}$ に対して

$$xx^* = a^2+b^2+c^2+d^2$$

はすぐわかるが，$|x|=|xx^*|^{1/2}$ とおいてこれを x のノルムあるいは絶対値と言う．このとき

(4.8) $$|xy|=|x||y|$$

が成り立つ．これも上の $x = \begin{bmatrix} \alpha & \beta \\ -\overline{\beta} & \overline{\alpha} \end{bmatrix}$ を使えば，$xx^* = |\alpha|^2+|\beta|^2 = \det(x)$ だから $|x|=\det(x)^{1/2}$ で，(4.8) がただちに得られる．

$\mathbf{H}$ を (4.5) で定義することの余得はまだある．いま

(4.9) $\mathbf{H}^1 = \{x \in \mathbf{H} \mid |x|=1\}$, $T = \mathbf{R}\mathbf{i}+\mathbf{R}\mathbf{j}+\mathbf{R}\mathbf{k}$

とおくと

(4.10) $$T = \{x \in \mathbf{H} \mid x^* = -x\}$$

であることはすぐわかる．$\mathbf{H}^1$ を (4.5) の部分集合として書けば

(4.11)　$\mathbf{H}^1 = \left\{ \begin{bmatrix} c & d \\ -\bar{d} & \bar{c} \end{bmatrix} \middle| c, d \in \mathbf{C}, |c|^2 + |d|^2 = 1 \right\}$

となる．一般に n 次ユニタリー行列全体を $U(n)$ と書くとこれは $GL_n(\mathbf{C})$ の部分群であるがさらに

(4.12)　　$SU(n) = \{A \in U(n) \mid \det(A) = 1\}$

とおけば，$SU(n)$ は $U(n)$ の部分群で，n 次の**特殊ユニタリー群**と呼ばれる．ここで (4.11) の $\mathbf{H}^1$ について

(4.13)　　　　　　　$\mathbf{H}^1 = SU(2)$

が成り立つ．$\mathbf{H}^1 \subset SU(2)$ は明らかであるが $SU(2) \subset \mathbf{H}^1$ も簡単な計算でわかる．

ところで (4.10) の T を考えて $\alpha \in \mathbf{H}^1, x \in T$ とすると，$\alpha^* = \alpha^{-1}, x^* = -x$ であり，$(\alpha x \alpha^{-1})^* = (\alpha x \alpha^*)^*$ となる．ここで (4.7) を使って $(\alpha x \alpha^*)^* = (\alpha^*)^* x^* \alpha^* = \alpha(-x)\alpha^{-1} = -\alpha x \alpha^{-1}$ となり，T の定義 (4.10) により $\alpha x \alpha^{-1} \in T$ となる．ここで $\alpha \in \mathbf{H}^1$ に対し

(4.14)　　　　$\varphi_\alpha(x) = \alpha x \alpha^{-1} (= \alpha x \alpha^*)$

とおくと，$x \in T$ なら $\varphi_\alpha(x) \in T$ がわかったことになる．そして φ_α は T から T への線形写像であることもすぐわかる．T は $\mathbf{R}$ 上 3 次元の空間であるが，$x \in T$ に対して

(4.15) $$|\varphi_\alpha(x)| = |x|$$

である. 実際, $|\varphi_\alpha(x)|^2 = (\alpha x \alpha^*)(\alpha x \alpha^*)^* = \alpha x \alpha^* \alpha x^* \alpha^*$, ここで $\alpha^* \alpha = 1, xx^* = |x|^2$ を使えば $|\varphi_\alpha(x)|^2 = \alpha |x|^2 \alpha^* = |x|^2 \alpha \alpha^* = |x|^2$ となり (4.15) を得る. $x = b\mathbf{i} + c\mathbf{j} + d\mathbf{k}$ に対し $|x|^2 = b^2 + c^2 + d^2$ だから T は普通の距離を持った 3 次元空間 $\mathbf{R}^3$ と見なされて, (4.15) は φ_α がその距離を変えない変換, つまり直交変換であることを示している. しかも

(4.16) $$\varphi_{\alpha\beta} = \varphi_\alpha \varphi_\beta \quad (\alpha, \beta \in \mathbf{H}^1)$$

であることがわかる. 実際 $\varphi_{\alpha\beta}(x) = \alpha\beta x (\alpha\beta)^{-1} = \alpha\beta x \beta^{-1} \alpha^{-1} = \alpha \varphi_\beta(x) \alpha^{-1} = \varphi_\alpha(\varphi_\beta(x))$ である.

空間 T の距離を変えない直交変換全体を $O(T)$ と書きその中で行列式 1 のもの全体を $SO(T)$ と書くと $O(T)$ は群で $SO(T)$ はその部分群である. 式 (4.16) は対応 $\alpha \mapsto \varphi_\alpha$ が $\mathbf{H}^1$ から $O(T)$ への準同型写像であることを示している. ここでふたつの事実がある.

(4.17a) この写像の核は $\{\pm 1\}$,
(4.17b) $\varphi_\alpha \in SO(T)$ かつ, $SO(T) = \{\varphi_\alpha \mid \alpha \in \mathbf{H}^1\}$.

(4.17a) は易しい. $\alpha \in \mathbf{H}^1$ として $\alpha x \alpha^{-1} = x$ が $x = \mathbf{i}, \mathbf{j}, \mathbf{k}$ に対して成り立つ式を書けば自然に $\alpha = \pm 1$ が出る. (4.17b) はそれほど簡単でない. n 次元空間で $n-1$ 次元超平面に関する対称 (symmetry) はその空間の直交

変換で，ただし行列式は -1 である．「任意の直交変換はそのような対称いくつかの積として書かれる」という定理があり，それはある程度以上の二次形式の教科書に書いてある．第5章の定理 5.2 がそれである．それを $n=3$ のときに使えばできる．これは難かしくはないが手間がかかる．第5章の終りに証明を与える．もうひとつは $\mathbf{H}^1$ や $SO(T)$ を Lie 群と見なして，群が連結しているかどうかに注意するか，(2.5) に定義した $\exp(X)$ を使う．いずれにせよ準備がいる．初等的な証明があるかも知れないが，強いて証明にこだわる必要はなかろう．小学生が半径 r の円の面積は πr^2 とおぼえてすましているのと同じ態度でいた方が気が楽で，それで一向差しつかえない．

ともあれ $SU(2) = \mathbf{H}^1 \to SO(T)$ という写像があって $SU(2)$ が $SO(T)$ を二重におおう単連結な被覆群となっている．

一般に $\mathbf{R}^n$ における通常の距離を不変にする直交変換全体は群となる．これを $O(n)$ と書き n 次の直交群と言う．そして

(4.18) $\quad SO(n) = \{\alpha \in O(n) \mid \det(\alpha) = 1\}$

とおく．だから $SO(T)$ は $SO(3)$ と同じであると言ってよい．さて $n \geqq 3$ ならば上の $SU(2)$ のようなある群 $\mathrm{Spin}(n)$ があって単連結であり，$\mathrm{Spin}(n) \to SO(n)$ という準同型写像があって核の位数が2で上の $SU(2) \to SO(T)$ と同様に，$SO(n)$ を二重におおっているのであ

る．そして Spin(n) を n 次の**スピン群**と呼ぶ．これは第5章で詳しく解説する．少し進み過ぎたが，要は，$SU(2)$ = $\mathbf{H}^1$ は実は Spin(3) であるということが四元数環の中では上のような φ_α を使って見られるという事実である．スピン表現（spin representation）もこれに関連しているが，ここでは名前を出すだけに止める．

Spin(n) を作るのには，上の $\mathbf{i}, \mathbf{j}, \mathbf{k}$ を使って $T = \mathbf{R}\mathbf{i} + \mathbf{R}\mathbf{j} + \mathbf{R}\mathbf{k}$ を考えるように n 次元空間 $\mathbf{R}\mathbf{i}_1 + \cdots + \mathbf{R}\mathbf{i}_n$ を考えて，$\mathbf{i}_1^2 = \cdots = \mathbf{i}_n^2 = -1$，$\mathbf{i}_1 \mathbf{i}_2 = -\mathbf{i}_2 \mathbf{i}_1, \cdots$，として 2^n 次元または 2^{n-1} 次元の線形空間で環になるものを作る．これを **Clifford 代数**（Clifford algebra）と呼ぶ．これについてはまた後で正確に説明するが，それへの導きとしてまず四元数環 $\mathbf{H}$ について書いた．

ところで $\mathbf{H}$ がどうして生れたか，何のために考えられたか，その歴史について考察してみよう．四元数環 $\mathbf{H}$ は Hamilton により発明あるいは発見されたが，どうやら彼はそれをベクトル積を扱う手段と見なしていたらしい．たとえば，上記の (4.10) で定めた T は，$x, y \in T$ に対して

$$[x, y] = xy - yx$$

とおくと $[x, y]$ を x と y との"仮の積"と呼ぶと T はこの"仮の積"という演算で閉じている．この"仮の積"を 3 次元空間 T 内のベクトル積と見なすことができる．（2 倍するか 1/2 倍する方がすっきりする．）ベクトル積を教

えるのに，このように **H** から出発して T の中でやっていた時期があったらしい．しかし，いつ頃からか **H** なしで $a \times b$ を (3.1) で定義してやることになり，今の教科書はすべてそうである．それは外積代数へと発展した．ここで歴史的発展の図式を作ると大体次のようになる．

$$\text{Hamilton 四元数環} \begin{cases} \text{ベクトル積} \to \text{外積代数} \\ \text{Clifford 代数（二次形式論，スピン群）} \\ \text{多元環論} \to \text{多元環の整数論} \end{cases}$$

これを説明するまえに一言すると，四元数環 **H** はそれだけで非常に重要なもので，実数体 **R**，複素数体 **C** の次に自然に出て来るものであり数学教育のかなり早い段階で教えられてよいと私は思う．次に多元環の定義をするが，**H** は多元環の単なる一例ではなく，基本的な地位を占めているのである．

さて，体 F 上の**多元環**とは，F 上の線形空間 A であって，そこで $x,y\in A$ に対して積 xy が定義されていて環になっていて，しかも (4.1),(4.2) が成り立っているものである．**H** は **R** 上の多元環であるが，行列環 $M_n(F)$ は F 上の多元環のよい例である．外積代数も多元環であり，Clifford 代数も多元環である．しかしそれらは特別なもので，特に外積代数は微分形式と結び付けて論じられ，Clifford 代数は二次形式論の中で論じられるから，多元環論の中で論じることはしない．

H, $M_n(F)$, あるいは Clifford 代数は単純または半単

純と呼ばれるよい性質を持っていて，多元環論は主としてそのよい性質を持つものを論じて，その整数論的な面はたとえば類体論で重要である．

$\mathbf{H}$ は上の図式が示すように後世のいくつもの重要な理論の母胎になっているのであるが Hamilton 自身はそのことを全然理解していなかったらしい．たとえば $\mathbf{H}^1 = SU(2)$ が $SO(3)$ の被覆群であることを知っていたかどうか．これはしらべてみなければわからない．

ともかく彼は $\mathbf{H}$ とベクトル積を発見して，あらゆる物理学の原理が四元数環 $\mathbf{H}$ の理論から導かれると考えて，いわば誇大妄想狂になったらしく，彼の晩年は不幸であった．実は四元数環は彼の思いもよらなかったような実りゆたかな分野を開いたのであったが．

5. Clifford 代数とスピン群

ここで Clifford 代数の一般論の易しい部分を書いてみよう.基礎の体は $\mathbf{R}$ とする.実は標数 2 でなければどんな体でもよく,また整数論的な問題を考えるには $\mathbf{R}$ だけでは困るが. $\mathbf{R}$ 上の n 次元線形空間 V をとり, $x, y \in V$ に対して定義された実数値の関数 $\varphi(x, y)$ があって

$$\varphi(x, y) = \varphi(y, x),$$
$$\varphi(ax + a'x', y) = a\varphi(x, y) + a'\varphi(x', y),$$
$$\varphi(x, by + b'y') = b\varphi(x, y) + b'\varphi(x, y')$$

が成り立つとする.ここで $a, a', b, b' \in \mathbf{R}$. このとき φ を V 上の**二次形式**と言う. V の $\mathbf{R}$ 上の基 $\{e_1, ..., e_n\}$ を取り, $\varphi(e_i, e_j) = c_{ij}$ とおけば, $c_{ij} = c_{ji}$ であり,

(5.1) $\varphi\left(\sum_{i=1}^n a_i e_i, \sum_{j=1}^n b_j e_j\right) = \sum_{i=1}^n \sum_{j=1}^n c_{ij} a_i b_j$

となることはすぐわかる.逆に, $c_{ij} = c_{ji}$ であるような実数係数の n 次正方行列 $[c_{ij}]$ を取る.(そのような行列を**対称行列**と呼ぶ.)そして $\varphi(x, y)$ を (5.1) で定めれば,それが V 上の二次形式であることは容易にわかる. V が数ベクトルの空間 $\mathbf{R}^n$ であるとき, (3.2) または (3.13)

の内積 $\langle x, y \rangle$ は二次形式である.

いま V と φ を固定した時,これで定まる $\mathbf{R}$ 上の多元環 A で次の性質 (5.2a, b, c) を持つものが存在する.多元環の定義は第4章にあるが,そこにあるように,$x, y \in A$ に対して積 $xy \in A$ が定まっているのである.

(5.2a)　A は単位元を持つ.すなわち $z1 = 1z = z$ がすべての $z \in A$ について成り立つような元 1 がある.

(5.2b)　V は A の $\mathbf{R}$ 上の部分空間であって,$x \in V$ に対して $x^2 = \varphi(x, x)$ となる.

(5.2c)　V の $\mathbf{R}$ 上の基ベクトル $e_1, \ldots, e_n$ を取れば,それらの積の 2^n 個の元 $e_{i_1} \cdots e_{i_r}$ ($i_1 \leq \cdots \leq i_r$, $0 \leq r \leq n$) が A の $\mathbf{R}$ 上の基ベクトルとなる.だから A は $\mathbf{R}$ 上 2^n 次元の線形空間である.

(5.2c) において $r = 1$ なら $V = \sum_{i=1}^n \mathbf{R} e_i$ でこれは (5.2b) にあるように A の一部分である.その中で $x \in V$ に対して $x^2 = \varphi(x, x)$ となっている.ここで式を短かくするために

(5.3)　　　　$\varphi(x, x) = \varphi[x]$　　$(x \in V)$

とおく.(5.2b) により $\varphi[x] = x^2$ がすべての $x \in V$ に対して成り立つ.これを一般化すると

(5.4)　　　　$x, y \in V \implies xy + yx = 2\varphi(x, y)$

となる.それは

$$\varphi[x]+2\varphi(x,y)+\varphi[y]=\varphi[x+y]$$
$$=(x+y)^2=x^2+xy+yx+y^2$$

であるから，これから $\varphi[x]+\varphi[y]=x^2+y^2$ を引けば (5.4) を得る．

ここで基ベクトル $e_1,...,e_n$ の積を考えると，外積代数のときの $x\wedge x=0, x\wedge y=-y\wedge x$ の代りに $x^2=\varphi[x]$ と $xy+yx=2\varphi(x,y)$ を使って，たとえば

$$e_2e_1e_4=\{2\varphi(e_1,e_2)-e_1e_2\}e_4=2\varphi(e_1,e_2)e_4-e_1e_2e_4$$

となり，すべての積は (5.2c) の形の元に帰着される．$\bigwedge V$ の時のように $n=4$ としてみると (3.8) で記号 $\wedge$ を抜かした

$$(5.5)\begin{cases} 1, e_1, e_2, e_3, e_4, \\ e_1e_2, e_1e_3, e_1e_4, e_2e_3, e_2e_4, e_3e_4, \\ e_1e_2e_3, e_1e_2e_4, e_1e_3e_4, e_2e_3e_4, e_1e_2e_3e_4 \end{cases}$$

という 16 個の元が A の基ベクトルとなる．

この多元環 A を (V,φ) の **Clifford 代数** (Clifford algebra) と呼び $A(V,\varphi)$ または $A(V)$ と書く．外積代数とよく似ていると思った読者もあるだろう．実は外積代数は Clifford 代数の特別な場合なのである．これまで φ には何の仮定もしなかったが，$\varphi=0$ でもよく，そうすれば Clifford 代数が外積代数になる．実際，$\varphi=0$ ならば $x^2=\varphi[x]=0$，(5.4) で $\varphi=0$ として $xy=-yx$ とな

り xy を $x \wedge y$ と書けば (3.7c) を得て，$A(V)$ は $\bigwedge V$ となる．

しかし外積代数はそれだけ特別に扱った方がよいので通常 Clifford 代数の理論に含めることはしない．Clifford 代数は φ を表わす対称行列 $[c_{ij}]$ の行列式が 0 でない時に考えるのが普通である．

上の $A(V)$ の定義は正しく，それで $A(V)$ がどうして作られるかはわかるが，実際それで矛盾なくひとつの多元環ができるということにはなっていない．それは証明を要する．より抽象的な定義の仕方もあり，その方がよい理由もあるが，ここでは $A(V)$ がどんなものかを説明するのが主目的であるから，直観的に $A(V)$ を受け入れることにしよう．以下この章では $\det [c_{ij}] \neq 0$ という仮定をする．

ここでひとつの定義をする．$A(V)$ の中で，(5.2c) の $e_{i_1} \cdots e_{i_r}$ の r が偶数であるものだけ（1 を含める）で張られる $A(V)$ の部分空間を $A^+(V)$ と書く．V の偶数個の元 $x_1, \ldots, x_{2s}$ に対して，それらの積 $x_1 \cdots x_{2s}$ は $A^+(V)$ に属する．$A^+(V)$ は $A(V)$ の部分環である．$n > 0$ ならば $A^+(V)$ は $A(V)$ の $\mathbf{R}$ 上 2^{n-1} 次元の部分空間である．

第 2 章で定義した記号を使って $A(V)^{\times}$ を考える．これは $A(V)$ の逆を持つ元の全体であり，同様に $A^+(V)^{\times}$ が考えられる．これらは乗法に関して群になっている．特に

(5.6) $x \in V, \varphi[x] \neq 0 \Longrightarrow x \in A(V)^{\times}$

である．実際，$\varphi[x] \neq 0$ ならば $x^2 = \varphi[x]$ だから $\varphi[x]^{-1} x \cdot x = 1$ で，$x^{-1} = \varphi[x]^{-1} x$ となる．

ここで重要な概念を導入する．

(5.7a) $\quad G(V) = \{\alpha \in A(V)^\times \mid \alpha V \alpha^{-1} = V\}$,

(5.7b) $\quad G^+(V) = \{\alpha \in A^+(V)^\times \mid \alpha V \alpha^{-1} = V\}$

とおくと，これらが $A(V)^\times$ の部分群であることは容易にわかる．$G(V)$ を **Clifford 群**，$G^+(V)$ を**特殊 Clifford 群**と言う．もちろん $G^+(V) \subset G(V)$ である．ここで V の $\mathbf{R}$ 上の線形変換で V を V の上に移すもの全体を $GL(V)$ と書く．これは V の基に関して線形変換を行列で表わせば $GL_n(\mathbf{R})$ と同じことである．$GL(V)$ と $G(V)$ とまぎらわしいようであるが取り違えないように注意．$\gamma \in GL(V)$ に対し $\det(\gamma)$ が考えられる．そこで

(5.8a) $\quad O(\varphi) = \{\gamma \in GL(V) \mid \varphi[\gamma x] = \varphi[x]\}$,

(5.8b) $\quad SO(\varphi) = \{\gamma \in O(\varphi) \mid \det(\gamma) = 1\}$

とおく．$O(\varphi)$ を φ の**直交群**，$SO(\varphi)$ を φ の**特殊直交群**と呼ぶ．φ を表わす行列が 1_n のときが線形代数の教科書にある直交群である．だから直交群という言葉はまぎらわしいが，ここでは記号 $O(\varphi), SO(\varphi)$ を使うから誤解のおそれはない．

$$2\varphi(x, y) = \varphi[x+y] - \varphi[x] - \varphi[y]$$

であるから，$\gamma \in GL(V)$ について

$$\gamma \in O(\varphi) \iff \varphi(\gamma x, \gamma y) = \varphi(x, y)$$

である．

さて $\alpha \in G(V)$ と $x \in V$ に対して

(5.9) $$\tau(\alpha)x = \alpha x \alpha^{-1}$$

とおくと，$G(V)$ の定義により $\tau(\alpha)$ は $GL(V)$ の元であるが $\tau(\alpha) \in O(\varphi)$ となる．実際

$$\varphi[\tau(\alpha)x] = \varphi[\alpha x \alpha^{-1}] = (\alpha x \alpha^{-1})(\alpha x \alpha^{-1})$$
$$= \alpha x^2 \alpha^{-1} = \alpha \varphi[x] \alpha^{-1} = \varphi[x]$$

となるからである．次に

(5.10) $$y \in V, \varphi[y] \neq 0 \implies y \in G(V)$$

を示そう．$y \in V, \varphi[y] \neq 0$ なら $y \in A(V)^{\times}$ であることは (5.6) で見たし，また $y^{-1} = \varphi[y]^{-1}y$ でもあった．だから $v \in V$ に対して，(5.4) を使って

(5.11) $$yvy^{-1} = \varphi[y]^{-1}yvy = \varphi[y]^{-1}(2\varphi(y,v) - vy)y$$
$$= 2\varphi[y]^{-1}\varphi(y,v)y - v \in V$$

となるから $y \in G(V)$ である．

(5.10) の y に対して

(5.11a) $$W = \{x \in V \mid \varphi(x,y) = 0\}$$

とおくとこれは V の部分空間であり，$V = \mathbf{R}y \oplus W$ とな

る．実際 $z \in V$ に対して $c = \varphi[y]^{-1}\varphi(z,y), x = z - cy$ とおけば $\varphi(x,y) = 0$ はすぐわかる．それ故 $x \in W$ であり $z = x + cy$ となるが，$z = x_1 + c_1 y, x_1 \in W, c_1 \in \mathbf{R}$ のとき $\varphi(z,y)$ を考えれば $c_1 = c$ で $x_1 = x$ となる．だから $V = \mathbf{R}y \oplus W$ である．

いま $z \in V$ を $z = x + cy, x \in W, c \in \mathbf{R}$ としたとき，$z' = x - cy$ とおくとこれは，y を固定しておけば z できまる V の元である．幾何学的に言うと，これは W に関する z の対称点である．たとえば $V = \mathbf{R}^n$ で $\varphi(x,y) = \langle x, y \rangle$ のとき，W はベクトル y に直交する $n-1$ 次元超平面であり，$z = x + cy$ という表現は z を y 方向の成分と W-成分に分けたものである．だから cy を $-cy$ にして得られる z' は W に関する z の対称点なのである．$z' = z - 2cy$ は明らかである．写像 $z \mapsto z'$ を y についての**対称**と呼ぶ．

定理 5.1. $y \in V, \varphi[y] \neq 0$ ならば $y \in G(V)$ でありまた $-\tau(y)$ は y についての対称である．さらにこの対称は $O(\varphi)$ に属し，$\det[-\tau(y)] = -1, \det[\tau(y)] = (-1)^{n-1}$ である．

証明．$y \in V, \varphi[y] \neq 0$ ならば $y \in G(V)$ であることは (5.10) に示した．$z \in V$ に対し $c = \varphi[y]^{-1}\varphi(z,y)$ とおけば，(5.11) で z を v に代入すれば $\tau(y)z = yzy^{-1} = 2cy - z$, 故に $-\tau(y)z = z - 2cy = z'$ となり $-\tau(y)$ が y についての対称であることがわかった．$\tau(y) \in O(\varphi)$ で $-1 \in O(\varphi)$ だから $-\tau(y) \in O(\varphi)$ となる．いま W の $\mathbf{R}$

上の基 $\{u_1, ..., u_m\}$ を取れば $\{u_1, ..., u_m, y\}$ が V の基となるから $m = n-1$ でさらに今考えている対称をこの基に関して行列で表わせば $\mathrm{diag}[1_{n-1}, -1]$ となる. 従って $\det[-\tau(y)] = -1$ である. $\det(-1_n) = (-1)^n$ だから $\det[\tau(y)] = (-1)^{n-1}$ となる. (証終)

定理 5.2. $O(\varphi)$ の元は対称いくつかの積として書かれる.

これは附録の §A4 に証明する.

定理 5.3. (i) $0 < n-1 \in 2\mathbf{Z}$ ならば $\tau(G(V)) = \tau(G^+(V)) = SO(\varphi)$ である.

(ii) $0 < n \in 2\mathbf{Z}$ ならば $\tau(G(V)) = O(\varphi), \tau(G^+(V)) = SO(\varphi)$ である.

(iii) $G^+(V)$ の元は $\varphi[y] \neq 0$ となる V の元 y の偶数個の積である.

この定理の証明はそれ程難かしくはない. あとで参考書をあげるから, それらを見られたい. しかし感じを出すためにごく易しいことだけ証明してみよう. $\alpha \in O(\varphi)$ とすると定理 5.1 と定理 5.2 により $\alpha = (-\tau(y_1)) \cdots (-\tau(y_m))$ となる $y_1, ..., y_m \in V$ がある. ここで $\varphi[y_1] \neq 0, ..., \varphi[y_m] \neq 0$ である. 定理 5.1 により $\det[-\tau(y_i)] = -1$ であるから $\det(\alpha) = (-1)^m$ となる. もし $\alpha \in SO(\varphi)$ なら m は偶数で $\alpha = \tau(y_1) \cdots \tau(y_m) = \tau(y_1 \cdots y_m)$. m が偶数だから $y_1 \cdots y_m \in A^+(V)$, 従って $y_1 \cdots y_m \in G^+(V)$ で

$SO(\varphi) \subset \tau(G^+(V))$ となる. 残りもそれ程面倒ではない.

要するに n の偶奇を問わず, τ は $G^+(V)$ から $SO(\varphi)$ の上への準同型写像を与えるが, さらに

(5.12) $$\mathrm{Ker}(\tau) = \mathbf{R}^\times$$

が証明できるのである.

ここで $A(V)$ から $A(V)$ への $\mathbf{R}$ 上の線形写像 $\alpha \mapsto \alpha^*$ で, $(\alpha\beta)^* = \beta^*\alpha^*$ であり, すべての $y \in V$ に対して $y^* = y$ となるものが定まることを注意する. それは $A(V)$ の基となる $e_{i_1}\cdots e_{i_r}$ の因子の順序を逆にして $(e_{i_1}\cdots e_{i_r})^* = e_{i_r}\cdots e_{i_1}$ とすればよい. $r=1$ なら $(e_i)^* = e_i$ である.

$\alpha \in G^+(V)$ ならば $\alpha\alpha^* \in \mathbf{R}^\times$ となる. 実際, 定理5.3 の (iii) により $\alpha = y_1\cdots y_m$, $\varphi[y_i] \neq 0$ となる V の元 $y_1, \ldots, y_m$ があり,

$$\alpha\alpha^* = y_1\cdots y_m y_m\cdots y_1 = \varphi[y_1]\cdots\varphi[y_m] \in \mathbf{R}^\times$$

となるからである. そこで

(5.13) $$\nu(\alpha) = \alpha\alpha^* \quad (\alpha \in G^+(V))$$

とおく. $(\alpha\beta)(\alpha\beta)^* = \alpha\beta\beta^*\alpha^* = \alpha\nu(\beta)\alpha^* = \alpha\alpha^*\nu(\beta) = \nu(\alpha)\nu(\beta)$ となり $\nu: G^+(V) \to \mathbf{R}^\times$ という写像は $\nu(\alpha\beta) = \nu(\alpha)\nu(\beta)$ を満たす. この核を考えて

(5.14) $$G^1(V) = \{\alpha \in G^+(V) \mid \nu(\alpha) = 1\}$$

とおき, これを φ の**スピン群** (spin group) と呼ぶ.

ここから理論はいささか微妙になってくる．先に進む前に $O(\varphi)$ や $SO(\varphi)$ についての基本的な事実を注意しておこう．まず $\det(\xi)=-1$ なる $\xi\in O(\varphi)$ があるから $O(\varphi)=SO(\varphi)\cup SO(\varphi)\xi$ かつ $[O(\varphi):SO(\varphi)]=2$ となる．だから $SO(\varphi)$ がわかれば $O(\varphi)$ もわかると言ってよい．

$0\neq x\in V$ に対してつねに $\varphi(x,x)>0$ となるとき φ は**正値定符号**であると言う．これは第2章の Hermite 行列が実係数の対称行列であるときと考えてよい．正値定符号とは限らない一般の φ（ただし行列式が0でないもの）は $\mathbf{R}$ 上の線形座標変換によって $\mathrm{diag}[1_p,-1_q]$ という行列で表わされるようにすることができる．$p+q=n, p\geqq 0, q\geqq 0$ で，1_0 はもちろん無視する．このとき φ（または φ を表わす対称行列）の符号は (p,q) であると言う．φ が正値定符号であるためには $q=0$，つまりその行列が 1_n であることが必要かつ十分である．

$GL_n(\mathbf{R})$, $SL_n(\mathbf{R})$, $O(\varphi)$, $SO(\varphi)$ はすべて行列環 $M_n(\mathbf{R})$ の部分集合である．$M_n(\mathbf{R})$ は $\mathbf{R}$ 上の線形空間として n^2 次元であって，そこで開集合とか閉集合などの言葉を使うことができる．つまり位相空間になっている．だからある集合が連結しているとか，その集合の連結成分とかを論ずることができ，上の四つの型の群についてもそれが問題になるのである．これは非常に難しくはないが，簡単には片づけられない．

一般に $SO(\varphi)$ の連結成分で単位元を含むものを

$SO(\varphi)_0$ と書く．

定理 5.4. （ⅰ）$SO(\varphi)$ が連結であるためには φ または $-\varphi$ が正値定符号であることが必要かつ十分である．

（ⅱ）φ が $\mathrm{diag}[1_p, -1_q]$ で表わされて $pq > 0$ ならば $SO(\varphi)$ はふたつの連結成分を持つ．そのとき $SO(\varphi)_0$ は $SO(\varphi)$ の正規部分群であり，$[SO(\varphi) : SO(\varphi)_0] = 2$ である．

（ⅲ）$\tau(G^1(V)) = SO(\varphi)_0$ かつ

$$\{\alpha \in G^1(V) \mid \tau(\alpha) = 1\} = \{\pm 1\}.$$

（ⅳ）$n \geq 3$ ならば $G^1(V)$ は連結である．

一般に $GL_n(\mathbf{C})$ の部分群の連結性をしらべる Chevalley の方法があって，第 2 章であげた Chevalley の本（文献表の [C]）の p.201, Lemma 2 がそれである．これはほかの本に書き直して入れてある（たとえば Helgason の本）が，周知とも言えず，上の定理の（ⅱ）など書いてある教科書はあまりない．

さて $n \geq 3$ として，φ が正値定符号ならば，

(5.15)　　　$\tau(G^1(V)) = SO(\varphi) = SO(\varphi)_0$

である．そして $SO(\varphi)$ は単連結でなく，上の定理 5.4 の（ⅲ），（ⅳ）から $G^1(V)$ が単連結であって $SO(\varphi)$ の二重の被覆群であることがわかるのである．これがスピン群 $G^1(V)$ の重要な点である．φ が正値定符号でないときは，

$\tau(G^1(V)) = SO(\varphi)_0$ で $G^1(V)$ は連結であるがたいてい単連結でない．単連結になることもある．

第4章で Spin(n) と書いた群はここの φ が正値定符号のときの $G^1(V)$ である．実は第4章の $\mathbf{H}$ は $n=3$ のときの $A^+(V)$ であり，$\mathbf{H}^1$ は $G^1(V)$ となり，そこの $\mathbf{H}^1 \to SO(T)$ が $\tau: G^1(V) \to SO(\varphi)$ の特別な場合である．

$G^1(V)$ の定義 (5.14) までは $\mathbf{R}$ の代りに標数が2でない体 F を取ってそのままできる．これは拡張のための拡張ではなく，意味があるが本書では立ち入らない．ひとつだけ注意すると，$\mathbf{R}$ では正負が考えられるが，任意の F のときには

$$F^{\times 2} = \{a^2 \mid a \in F^\times\}$$

という集合を考えて，それを使う．

ここで参考書をあげる．上記の Chevalley の本のほかに，

[E] M. Eichler, Quadratische Formen und orthogonale Gruppen, Springer, Berlin, 1952, 2nd ed., 1974.

[S04] G. Shimura, Arithmetic and Analytic Theories of Quadratic Forms and Clifford Groups, Mathematical Surveys and Monographs, vol. 109, Amer. Math. Soc., 2004.

[S10] G. Shimura, Arithmetic of Quadratic Forms, Springer Monographs in Mathematics, Springer, 2010.

日本語ではおそらく Clifford 代数の本はないと思う．

Eichler の本の訳があるが，それは無視してよい．

Chevalley はスピン群の理論を整理するのに努力した人であり，上記の Lie 群の本のほかにもまだあるが，読みにくいし，おすすめできない．またその Lie 群の本も，出版が 1946 年ということもあって十分整理されていず Spin(n) にあたる部分はあまりよく書かれていない．それを除けば，これは歴史的名著であってこれによって Lie 群が誰にでも使えるようになったのである．

Eichler の本は整数論的な問題を頭においた本であって数多くのオリジナルなアイディアがあるが，間違いもあり，初心者向きではなく，またこれを読みこなせる人はあまりいないであろう．

このほかに Bourbaki の本などもあるが，私にはどの本も気に入らない．Clifford 代数とか $G^+(V)$ の構造などは書いてあるが，どれも，それを使う立場で書かれてはいないからである．

そこで私の著書二冊をあげたのである．どちらも整数論への応用を頭においているが，Clifford 代数と $G^+(V)$, $G^1(V)$ の部分だけを読むこともできるし，方法の簡易さ，使い易さに重点をおいてある．また $A(V), A^+(V)$ の構造などを理解するにはある程度の多元環の知識を必要とするが，それも [S10] には書いてある．

R 上の場合と言うのは案外書いてないものであるが，[S04] の定理 14.2 にある．スピン表現のこともその本の §A5 にあり，**R** 上での $A(V), A^+(V)$ の構造はその本の

§A3 にある. ただしこの §A3 より簡単な方法が [S10] の Theorem 28.5 に示されている.

これはもっと早く論ずるべきであったが, $n=3$ で φ を表わす行列が 1_3 である場合を考えてみよう. このとき V の基ベクトル e_i について $e_i^2=1$ である. $f=e_1e_2, g=e_2e_3, h=e_1e_3$ とおくと $fg=e_1e_2^2e_3=e_1e_3=h$ であり, また $gf=-h$ がわかる. また $f^2=e_1e_2e_1e_2=-e_1e_1e_2e_2=-1$, 同様に $g^2=-1, h^2=-1$ となる. $A^+(V)=\mathbf{R}+\mathbf{R}f+\mathbf{R}g+\mathbf{R}h$ であるから f,g,h を前章の $\mathbf{i},\mathbf{j},\mathbf{k}$ に対応させて $A^+(V)$ が $\mathbf{H}$ に同型であることがわかる. しかも $f^*=(e_1e_2)^*=e_2e_1=-f$, 同様に $g^*=-g, h^*=-h$ であるから $A^+(V)$ における $x \mapsto x^*$ は第4章で定義した $\mathbf{H}$ における共役になる.

次に $d=e_1e_2e_3$ とおくと $de_i=e_id$ がすべての i に対して成り立つことはすぐわかる. $A(V)$ は $e_{i_1}\cdots e_{i_r}$ で生成されているから

(5.16) $\qquad x \in A(V) \Longrightarrow xd = dx$

となる.

さて $A^+(V)$ を $\mathbf{H}$ と同一視して, (4.9) の T を考えると $T=\mathbf{R}f+\mathbf{R}g+\mathbf{R}h=dV=Vd$ はすぐわかる. そして $\alpha \in A^+(V)^\times = \mathbf{H}^\times$ に対し $\alpha T \alpha^{-1} = d\alpha V \alpha^{-1}$ となる. 第4章で見たように $\alpha T \alpha^{-1} = T$ であるから $\alpha V \alpha^{-1} = V$ となり, $G^+(V)=\mathbf{H}^\times$ となる. さらに (5.13) の $\nu(\alpha)$ は $|\alpha|^2$ であるから, (5.14) により $G^1(V)=\mathbf{H}^1$ がわかる.

$-1_3 \in O(\varphi)$ であるが $-1_3 = \tau(\varepsilon)$ となる $\varepsilon \in G(V)$ があるとしてみる.これはすべての $x \in V$ に対して $-x = \tau(\varepsilon)x = \varepsilon x \varepsilon^{-1}$ ということであり,x として $d = e_1 e_2 e_3$ を取ると $-d = -e_1 e_2 e_3 = (-e_1)(-e_2)(-e_3) = \varepsilon e_1 \varepsilon^{-1} \varepsilon e_2 \varepsilon^{-1} \varepsilon e_3 \varepsilon^{-1} = \varepsilon e_1 e_2 e_3 \varepsilon^{-1} = \varepsilon d \varepsilon^{-1}$ となり (5.16) と矛盾.だから $-1_3 \notin \tau(G(V))$.さて $O(\varphi) = SO(\varphi) \bigcup SO(\varphi)(-1_3)$ であるから,すでに示した $SO(\varphi) \subset \tau(G^+(V))$ とこれを合わせて $SO(\varphi) = \tau(G^+(V)) = \tau(G(V))$ が今の場合に証明された.

ところで (4.14) の φ_α を考えると $x \in V$ に対して $dx \in T$ であり,$\varphi_\alpha(dx) = \alpha dx \alpha^{-1} = d\alpha x \alpha^{-1} = d\tau(\alpha)x$ となるから T における φ_α の作用がちょうど $\tau(\alpha)$ の V における作用に対応している.それ故 (4.17b) を証明するには $\tau(G^1(V)) = SO(\varphi)$ を示せばよい.

$\alpha \in SO(\varphi)$ とすると定理5.3のすぐあとに書いたように $\alpha = \tau(\beta), \beta = y_1 \cdots y_m$ となる $y_1, \ldots, y_m \in V$ があり,m は偶数で,$y_1 \cdots y_m \in G^+(V)$ であった.このとき $\nu(\beta) = y_1^2 \cdots y_m^2 = \varphi[y_1] \cdots \varphi[y_m] > 0$ となる.$\nu(\beta)^{1/2} = c$,$\gamma = c^{-1}\beta$ とおけば $\gamma \in G^+(V)$ で $\nu(\gamma) = 1$ となり,$\gamma \in G^1(V)$ である.$\tau(c^{-1}) = 1$ だから $\tau(\gamma) = \tau(\beta) = \alpha$,よって $SO(\varphi) \subset \tau(G^1(V))$.これと $\tau(G^+(V)) = SO(\varphi)$ を合わせれば $SO(\varphi) = \tau(G^1(V))$ を得る.これは (5.15) の左側の等式の $n = 3$ の場合である.これで (4.17b) が完全に証明された.

6. 複素解析，特に楕円関数

　線形代数と微積分の初歩の次に何を学ぶかというと微積分の多変数の場合をやる，つまり第3章に書いたような Gauss-Stokes の公式とか多変数での陰関数（implicit function），常微分方程式の解の存在定理などが考えられる．さてその次に何があるかというと，普通次の三つが考えられる．

　　代数学：群，環，体，多項式論，体の拡大，Galois の理論

　　実解析：Lebesgue 積分，Fourier 解析の初歩

　　複素解析：複素変数の解析関数について，昔関数論と呼んでいたもの．Cauchy の積分定理とその応用など

もちろんこの先はいくらもあるが，まずここまでの段階で何が重要か，何を教えるべきかを考えてみよう．

　この本の読者の中には教えるよりは教わる人の方が多いであろうが，ひとまず，「自分が微積分を教えるとしたら」という立場で考えてみる．

　例をあげた方がわかり易いと思うのでひとつ定理をあげる．「閉区間で連続な関数は Riemann 積分可能である」

というよく知られた定理がある．私はこれはどの段階でも教室では，この言明を説明するだけでよく，証明して見せる必要はまったくないと思う．そんな証明はどんな教科書にもあって，それがわかる人はそれを読めばよい．それをわからない人がどれだけの割合であるかはともかくとして，その証明の論理はそれほど難かしくないが退屈である．そんなことに時間を費やすよりは外積代数，微分形式，外微分などの易しい場合の使い方を教えた方がよい．「すべて厳密に」などとは絶対考えてはいけない．限られた時間で有効に数学の使い方を教えるには実際的であることが必要である．

もっと易しい例を書くと，多重積分の応用問題として半径 r の球の体積が本当に $4\pi r^3/3$ であることを示す．そのついでに半径 r の 4 次元の球体

$$x_1^2 + x_2^2 + x_3^2 + x_4^2 \leq r^2$$

の体積の公式を予想させてみる．$6\pi r^4/5$ とか何とか言うであろう．それを実際計算してみせる．さらに一辺が $2r$ の 4 次元正平行体 $\{x \in \mathbf{R}^4 \mid |x_i| \leq r\}$ の体積と比較してみる．その球体の表面積に当たるものが r についての微分でわかることを説明して計算する．

これらは特に重要ではないが，Riemann 積分の定理の証明をするよりはずっとましであろう．教える人でなくてもたいていの読者はこのぐらいのことは自分でできるであろう．だからここには結果を書かない．

実は本書をここまで書いてきた態度も同じであったが，それを複素解析でやってみよう．まず第一に複素変数 $z=x+iy$ だけでなく $\bar{z}=x-iy$ を考えた方がよいということがある．z の複素数値の関数 $f(z)=f(x+iy)$ は実数値の関数 $r(x,y), s(x,y)$ により

(6.1) $$f(x+iy) = r(x,y) + is(x,y)$$

と書かれる．ここで $f(x+iy)$ を x と y の関数としてその偏微分を $\partial f/\partial x = \partial r/\partial x + i\partial s/\partial x, \partial f/\partial y = \partial r/\partial y + i\partial s/\partial y$ とする．(3.19) により $dr = (\partial r/\partial x)dx + (\partial r/\partial y)dy$ であるがそれと同様に

(6.2) $$df = (\partial f/\partial x)dx + (\partial f/\partial y)dy$$

とすれば $df = dr + ids$ となる．ここですべての偏微分の存在を仮定するわけである．さて $\partial f/\partial z$ と $\partial f/\partial \bar{z}$ を次の式で定義する．

(6.3) $$\frac{\partial f}{\partial z} = \frac{1}{2}\left(\frac{\partial f}{\partial x} - i\frac{\partial f}{\partial y}\right), \ \frac{\partial f}{\partial \bar{z}} = \frac{1}{2}\left(\frac{\partial f}{\partial x} + i\frac{\partial f}{\partial y}\right)$$

ここで注意すべきことは $\partial f/\partial z$ は $\lim_{h\to 0}[f(z+h)-f(z)]/h$ とは何の関係もなく (6.3) で形式的に定義するということである．さて，(6.2) において $f(z)=z$ とすれば $dz = dx + idy$，また $f(z)=\bar{z}=x-iy$ とすれば $d\bar{z} = dx - idy$ となるが，(6.2) の df については

(6.4) $$df = \frac{\partial f}{\partial z}dz + \frac{\partial f}{\partial \bar{z}}d\bar{z}$$

となることが簡単な計算でわかる．f は x,y の関数であるが $z,\bar{z}$ をいわば独立変数のように考えて，f を z と $\bar{z}$ の関数のように見ているわけである．

第3章では dx と dy で $\mathbf{R}$ 上に張られる空間 $\mathbf{R}dx + \mathbf{R}dy$ を考えていたが，ここでは $\mathbf{C}dx + \mathbf{C}dy$ を考えていて，$dz, d\bar{z}$ はそれに属するわけである．2次の微分形式は $\mathbf{C}dx \wedge dy$ に値を取るから複素数値の関数 f によって $f(z)dx \wedge dy$ と書かれる．$dz \wedge dz = d\bar{z} \wedge d\bar{z} = 0$ であって，さらに簡単な計算で

$$(6.5) \qquad dz \wedge d\bar{z} = -2i dx \wedge dy$$

が確かめられる．だから，任意の2次の微分形式は $h(z) dz \wedge d\bar{z}$ の形になる．

ところで，ある領域 D で定義された関数 $f(z)$ について，$\partial f/\partial x, \partial f/\partial y$ が連続であり $\partial f/\partial \bar{z} = 0$ であるとき f は D で正則であると言う．このとき単純閉曲線 C 及びその内部が D に属するならば

$$(6.6) \qquad \int_C f(z) dz = 0$$

である．ここで $f(z)dz$ は1次の微分形式であって，$p(x,y)dx + q(x,y)dy$ と書くことができる．ただ $p(x,y)$ や $q(x,y)$ が複素数値の関数であるだけの話である．$\int_C f(z)dz$ はその線積分であって，(3.15) の線積分と同じことである．教科書には $\int_C f(z)dz$ を別に定義している場合が多いが，普通の実数値関数の線積分と同様に考え

てよいのである．

(6.6) の証明は次の通り．C を境界とする領域を S とすれば，$\omega = f(z)dz$ に対し，$C = \partial S$ だから (3.16) により

$$(6.7) \qquad \int_C f(z)dz = \int_S d\omega$$

である．((3.16) ではすべて実数の範囲であるが今考えている ω を実数値の ω_1 と ω_2 で $\omega = \omega_1 + i\omega_2$ と書けば $d\omega = d\omega_1 + id\omega_2$ だから (6.7) を得る．) そこで $d\omega$ はというと，(3.20) の一番簡単な場合を複素数値にした式と (6.4) により

$$d\omega = df \wedge dz = \{(\partial f/\partial z)dz + (\partial f/\partial \bar{z})d\bar{z}\} \wedge dz$$

であるが，$\partial f/\partial \bar{z} = 0$ かつ $dz \wedge dz = 0$ だから $d\omega = 0$．それで (6.6) が (6.7) から得られる．

正則性の定義 $\partial f/\partial \bar{z} = 0$ にもどると，$f(z) = r(x,y) + is(x,y)$ とおけば

$$2\partial f/\partial \bar{z} = \partial r/\partial x + i\partial s/\partial x + i(\partial r/\partial y + i\partial s/\partial y)$$
$$= \partial r/\partial x - \partial s/\partial y + i(\partial s/\partial x + \partial r/\partial y)$$

であるから

$$(6.8) \qquad \frac{\partial f}{\partial \bar{z}} = 0 \iff \begin{cases} \dfrac{\partial r}{\partial x} = \dfrac{\partial s}{\partial y}, \\ \dfrac{\partial r}{\partial y} = -\dfrac{\partial s}{\partial x} \end{cases}$$

となる．この右側はいわゆる Cauchy-Riemann の条件であって，教科書にある f の正則性の定義と一致する．だから (6.6) は正則関数についてよく知られた Cauchy の定理である．

普通の教科書に書いてある (6.6) の証明は，なるべく弱い条件で証明するための人工的なのが多い．それはまったくつまらないことではないが，ここではより自然に，f を z と $\bar z$ の関数のように見て，(6.7) から導びいた．ここで演習問題をふたつ．

問題 1. 複素変数で複素数値の関数 f, g に対して $h(z) = f(g(z))$ が定義されて偏微分が自由にできるとき次の式が成り立つことを証明せよ．

$$\frac{\partial h}{\partial z} = \frac{\partial f}{\partial z}\frac{\partial g}{\partial z} + \frac{\partial f}{\partial \bar z}\frac{\partial \bar g}{\partial z}, \quad \frac{\partial h}{\partial \bar z} = \frac{\partial f}{\partial z}\frac{\partial g}{\partial \bar z} + \frac{\partial f}{\partial \bar z}\frac{\partial \bar g}{\partial \bar z}.$$

問題 2. $\mathbf{C}$ 上のある領域 D で何回でも偏微分できる関数 f について $(\partial/\partial \bar z)^2 f = 0$ であるならば，$f(z) = g(z)\bar z + h(z)$ となる D における正則関数 g と h があることを証明せよ．$(\partial/\partial \bar z)^m f = 0, 0 < m \in \mathbf{Z}$ のときはどうか．

$\dfrac{\partial f}{\partial z}, \dfrac{\partial f}{\partial \bar z}$，微分形式，外微分などの演算は複素変数の数が多くても同様にできる．n 個の複素変数 $z_1, ..., z_n$ の関数 $f(z_1, ..., z_n)$ に対して $z_\nu = x_\nu + i y_\nu$ として

$$\frac{\partial f}{\partial z_\nu} = \frac{1}{2}\left(\frac{\partial f}{\partial x_\nu} - i\frac{\partial f}{\partial y_\nu}\right), \quad \frac{\partial f}{\partial \bar z_\nu} = \frac{1}{2}\left(\frac{\partial f}{\partial x_\nu} + i\frac{\partial f}{\partial y_\nu}\right)$$

とおくと
$$df = \sum_{\nu=1}^{n} \frac{\partial f}{\partial z_\nu} dz_\nu + \sum_{\nu=1}^{n} \frac{\partial f}{\partial \overline{z}_\nu} d\overline{z}_\nu$$
となり，$dz_{\nu_1} \wedge \cdots \wedge dz_{\nu_r} \wedge d\overline{z}_{\mu_1} \wedge \cdots \wedge d\overline{z}_{\mu_s}$ などの演算ができる．これらは n 次元複素多様体の理論で使われる．

Cauchy の定理はそれだけでは大したことはなく，Cauchy の積分表現

(6.8a) $$f(z) = \frac{1}{2\pi i} \int_C \frac{f(w)}{w-z} dw$$

の方がはるかに重要である．正則関数のいろいろな性質はすべてこれから導びかれる．言いかえれば，積分が 0 になるのはつまらなくて，0 にならない場合

$$2\pi i = \int_C \frac{1}{z} dz$$

の方が重要だということである．しかし，それはそれとして，複素解析では何を知っていたらよいか，と言うより，何を知らなくてもよいかを考えてみよう．

昔流の関数論の教科書とこの頃の教科書との内容はそれほど違ってはいないであろう．そしてほとんどすべての教科書には Picard の定理が書いてある．有理型関数にしてもよいが，ここでは正則関数で書いてみる．

Picard の定理． $f(z)$ が $0 < |z-a| < 1$ で正則であり，a が f の真性特異点であれば，1 個の例外値を除けば，$0 < \varepsilon < 1$ となる任意の ε に対して $f(z)$ は $0 < |z-a| < \varepsilon$

で，その例外値以外の値を取る．

これの言いかえ．$f(z)$ が $0<|z-a|<1$ で正則で，今ふたつの複素数 β, γ があって $f(z)=\beta$ または $f(z)=\gamma$ となる z が $0<|z-a|<1$ で有限個しかなければ，a は f の極であるかまたは f の除去可能な特異点である．

証明は非常に複雑ではないが，何段階にも分けて補助定理を使ってやるから簡単とは言えない．結果は簡明にのべられるし，発表された時には一種の意外性もあって「非常によい定理」と見なされたであろうし，今でもそう思われているかも知れない．「立派な定理」であることは確かである．しかしそれ程重要な結果であるかというと，そうでもないように思われる．少なくとも今日教室で証明して見せる必要のある定理ではないであろう．上の「言いかえ」を使って a が f の真性特異点でないことを示すことができるよい例があるかどうか．

この定理をよりよく理解し，一般化したいために展開されたのが Nevanlinna の理論であり，いちおう成功して，一時は関数論の進む方向を示している理論のように思われていた時期もあった．しかし大したことはなく，今日ではそれに興味を持つ人はほとんどいない．もっとも高次元の複素多様体の間の写像の理論はその発展とも見られるが，それはまた別の問題である．

それでは何が重要なのか？　それは複素関数論がどうして必要になったかを考えてみればわかる．つまり

Gauss, Abel, Jacobi 以来の楕円関数やその延長上にある代数関数論，または線形微分方程式についての Gauss や Riemann の研究を正確にして，よりよく理解するために展開されたと見ることができる．実際，Riemann 面は，楕円関数や代数関数が定義される"場"として導入された．

だから昔流の関数論の教科書が一般論のあとでかなりの頁数を使って楕円関数を論じたのは，当然そうあるべきことをしたのであって，おそらく今でもそうあるべきではなかろうか．

今日のたいていの教科書にはガンマ関数 $\Gamma(s)$ については書いてあるが，それ以上に具体的な関数についてはあまり書いてない．ひとつのやり方として，解析接続ぐらいまでの一般論をやったあとで代数関数論に進み，そこで楕円関数やテータ関数を論じるという考え方もあるが，そこまでやるのは手間がかかり過ぎる．それより具体的な関数を「使える」ように何かやろうというのである．

そして思い浮かぶのはやはり楕円関数である．ここで少し楕円関数の歴史をふり返ってみよう．最初に

$$u = \int_0^x \frac{1}{\sqrt{1-x^2}} dx, \ u = \arcsin x$$

という関係を思い出す．つまり最初の積分を考えて x を u の関数と考えると $x = \sin u$ となる．そこでより一般に多項式 P を取って不定積分の形で

$$\text{(6.9)} \qquad \int^z \frac{1}{\sqrt{P(z)}} dz$$

を考えたらどうなるかという問題が自然に生じた．ここで今日では z は複素変数であるが，はじめは，特に 18 世紀では実変数であった．レムニスケイトという曲線の弧の長さを求めると $P(z)=1-z^4$ の場合となって Gauss はそれを（やはり実数で）研究した．この Gauss の研究には面白い側面があるが，それは省略して Jacobi の考えた

$$\text{(6.10)} \qquad u = \int_0^z \frac{1}{\sqrt{(1-z^2)(1-k^2z^2)}} dz$$

を見る．k は補助変数（パラメータ）である．このとき $z=\mathrm{sn}(u)$ と書く．sn は単にエスエヌと読んでこれをエスエヌ関数と言う．ここで u も z も複素変数にした方がよいということが段々わかって来た．（この点は中々面白いのであるがここでは省略する．ともあれ今では当り前でも昔の人は苦労したのである．）そして，$x=\sin u$ の時は $\sin(u+2\pi)=\sin u$ となる，つまり $\sin$ は 2π という週期を持つが，sn は複素変数にしてみると，$a,b\in\mathbf{Z}$ に対し

$$\text{(6.11)} \qquad \mathrm{sn}(u+a\omega+b\omega') = \mathrm{sn}(u)$$

となる複素数値 ω,ω' がある．これは k によって定まり通常 $\omega=4K, \omega'=2iK'$ と書かれる．このことを「sn は 2 重週期関数である」と言う．（$k^2=0$ または 1 の場合は除外する．）そして $\mathrm{sn}(u)$ は $\mathbf{C}$ 上の有理型関数であって，極を持つ．

三角関数の時に cos, tan のようなのがあるように，sn から出発してなお cn(u), dn(u) という関数があるがそれは省略する．ともあれ楕円積分 (6.10) から出発して (6.11) を満たすような2重週期関数を得た．それからしばらくしてひとつの革命が起きる．

それなら始めから楕円積分抜きで2重週期関数を考えたらどうか．これも「コロンブスの卵」の一例かも知れない．それをやって見せたのが Weierstrass で，彼の導入した関数を Weierstrass の $\wp$ 関数（ペー関数と読むがピー関数と言うかも知れない）である．ここでこの関数の理論の易しい部分をひと通り書いてみよう．

はじめに $\omega_1, \omega_2 \in \mathbf{C}$ を取って $L = \mathbf{Z}\omega_1 + \mathbf{Z}\omega_2$ と置く．$\omega_1 \omega_2 \neq 0$ で $\omega_1/\omega_2 \notin \mathbf{R}$ ならば L は $\mathbf{C}$ の中の格子 (lattice) である．$0, \omega_1, \omega_2, \omega_1 + \omega_2$ を頂点とする平行四辺形を考えると，これを $z \mapsto z + a\omega_1 + b\omega_2 (a, b \in \mathbf{Z})$ という平行移動で移した平行四辺形で $\mathbf{C}$ 全体がおおわれ，それらの平行四辺形の頂点全部が L である．ここで

(6.12) $\quad 1 < \sigma \in \mathbf{R} \implies \sum_{0 \neq \omega \in L} |\omega|^{-2\sigma} < \infty$

を証明しよう．いま $0 < n \in \mathbf{Z}$ として $\pm(n\omega_1 + n\omega_2)$ と $\pm(n\omega_1 - n\omega_2)$ を頂点とする平行四辺形を P_n とすると P_n の辺に乗る L の点は $8n$ 個である．(P_1 を考えて n 倍すればよい．）さて円 $|z| = r$ が P_1 の中に入るように $r > 0$ を取ると，ω が $P_n \cap L$ の点ならば $|\omega| \geqq nr$．それ故

$$\sum_{0\neq\omega\in L}|\omega|^{-2\sigma} = \sum_{n=1}^{\infty}\sum_{\omega\in P_n\cap L}|\omega|^{-2\sigma} \leq \sum_{n=1}^{\infty}8n\cdot|nr|^{-2\sigma}.$$

これは $8r^{-2\sigma}\sum_{n=1}^{\infty}n^{1-2\sigma}$ となり, $\sigma>1$ なら収束して (6.12) を得る.

格子 L が上のように与えられて, $\mathbf{C}$ 上の有理型関数 f に対し $f(u+\omega)=f(u)$ がすべての $\omega\in L$ に対して成り立つ時 f を L を週期の格子とする**楕円関数**と言う.

$L=\mathbf{Z}\omega_1+\mathbf{Z}\omega_2$ としてそのような f を構成するのであるが, 通常 $\mathrm{Im}(\omega_1/\omega_2)>0$ とする. $\omega_1/\omega_2\notin\mathbf{R}$ だから $\mathrm{Im}(\omega_1/\omega_2)$ は正または負である. もし $\mathrm{Im}(\omega_1/\omega_2)<0$ ならば ω_1 と ω_2 とを取りかえればよい. そこで

(6.13) $\quad G_k = G_k(\omega_1,\omega_2) = \displaystyle\sum_{0\neq\omega\in L}\omega^{-k} \quad (4\leq k\in 2\mathbf{Z})$

(6.14) $\quad \wp(u) = \wp(u;\omega_1,\omega_2)$
$$= u^{-2} + \sum_{0\neq\omega\in L}\{(u-\omega)^{-2}-\omega^{-2}\}$$

とおく. G_k は L で定まるある複素数であり, (ω_1,ω_2) の関数でもある. (6.13) の右辺が収束することは (6.12) からわかる. ついでに注意すると, k を奇数とすると ω を $-\omega$ にしてみればわかるように (6.13) の右辺は 0 になる. だから k は偶数でなければならない.

(6.14) において $u\in\mathbf{C}$ で, この $\wp(u)$ が **Weierstrass の $\wp$-関数**と呼ばれるもので, L を週期の格子とする楕円関数になるのである. それを示すためにまず

(6.15) $$f_k(u) = \sum_{\omega \in L} (u-\omega)^{-k}$$

$$(u \in \mathbf{C}, \notin L, 3 \leq k \in \mathbf{Z})$$

を考える．これの収束を示すために正の実数 A を取って

$$f_k(u) = \sum_{|\omega|<2A} (u-\omega)^{-k} + \sum_{|\omega|\geq 2A} (u-\omega)^{-k}$$

と書いてみる．最初の和は有限和である．（ただし $u \notin L$ としなければいけない．）後の和については $|\omega| \geq 2A$ で $|u| \leq A$ ならば $|u-\omega| \geq |\omega|-|u| \geq |\omega|-|\omega|/2 = |\omega|/2$ となるから後の和の絶対値は $2^k \sum_{0 \neq \omega \in L} |\omega|^{-k}$ より大きくない．これは (6.12) により収束する．よって (6.15) の和は u の適当なコンパクト集合 B で $B \cap L = \varnothing$ となる B の中で一様に収束する．それは A をいくらでも大きくできるからである．

これで収束がわかったが，$\omega \in L$ をひとつ取って $f_k(u)$ から $(u-\omega)^{-k}$ を除いた残りは ω を中心とする小さな円の内部で正則な関数である．だから f_k は ω を k 次の極に持つ有理型関数である．特に $k=3$ とすると

$$-2f_3(u) = -2u^{-3} - 2\sum_{0 \neq \omega \in L} (u-\omega)^{-3}$$

となり，最後の和は上で考えた集合 B で一様に収束する．それ故その積分

(6.16) $$u^{-2} - \sum_{0 \neq \omega \in L} \int_0^u \frac{2}{(u-\omega)^3} du$$

はやはり B で一様に収束する．ただし積分は B の中です

るのである. $-\int_0^u 2(u-\omega)^{-3}du = (u-\omega)^{-2}-\omega^{-2}$ であるから (6.16) はちょうど (6.14) の右辺となり, それで (6.14) が $u \notin L$ なら u の正則関数であることがわかった. しかも各 $\omega \in L$ で2次の極を持ち, だから $\wp$ は $\mathbf{C}$ 上の有理型関数である. 厳密に言えば $\wp$ は u, ω_1, ω_2 という3変数の関数である.

次に u について微分して $\wp'(u) = d\wp/du$ と置くと, 項別微分してよいから $\wp'(u) = -2\sum_{\omega \in L}(u-\omega)^{-3}$ である. ここで $\omega \in L$ に対して

(6.17) $\qquad \wp(-u) = \wp(u), \ \wp(u+\omega) = \wp(u),$

(6.18) $\qquad \wp'(-u) = -\wp'(u), \ \wp'(u+\omega) = \wp'(u)$

が成り立つことを注意する. (6.18) は $\wp'(u)$ の式から明らか. また (6.14) で ω を $-\omega$ とすれば $\wp(-u) = \wp(u)$ を得る. 次に $\omega \in L$ に対して

$$(d/du)[\wp(u+\omega) - \wp(u)] = \wp'(u+\omega) - \wp'(u) = 0$$

であるから $\wp(u+\omega) - \wp(u) = c_\omega$ となる常数 c_ω がある. ここで $u = -\omega/2$ とすれば $c_\omega = \wp(\omega/2) - \wp(\omega/2) = 0$, それ故 (6.17) の後の式を得る.

これで $\wp$ が L を週期の格子に持つ楕円関数であることがわかった. 次に

(6.19) $\qquad \wp'(u)^2 = 4\wp(u)^3 - g_2\wp(u) - g_3,$

(6.20)
$$g_2 = g_2(\omega_1, \omega_2) = 60G_4, \quad g_3 = g_3(\omega_1, \omega_2) = 140G_6,$$

(6.21) $\quad \wp(u) = u^{-2} + \sum_{m=2}^{\infty} (2m-1)G_{2m} u^{2m-2}$

を示そう．ここで G_k は (6.13) で定めたものであり，g_2, g_3 を (6.20) で定めるのである．まず

$$\wp(u) = u^{-2} + \sum_{0 \neq \omega \in L} \omega^{-2} \{(1-u/\omega)^{-2} - 1\}$$

であるから $(1-x)^{-2} = \sum_{n=1}^{\infty} n x^{n-1}$ を使って

$$\wp(u) = u^{-2} + \sum_{0 \neq \omega \in L} \omega^{-2} \sum_{n=2}^{\infty} n u^{n-1} \omega^{1-n}$$
$$= u^{-2} + \sum_{n=2}^{\infty} n u^{n-1} \sum_{0 \neq \omega \in L} \omega^{-1-n}$$

を得る．最後の和で $n+1$ が奇数ならば ω を $-\omega$ としてみれば，その和が 0 になることがわかる．だから $n+1 = 2m, 0 < m \in \mathbf{Z}$ とおいて (6.21) を得る．この (6.21) から簡単な計算で

$$\wp(u) = u^{-2} + 3G_4 u^2 + 5G_6 u^4 + \cdots,$$
$$\wp'(u) = -2u^{-3} + 6G_4 u + 20G_6 u^3 + \cdots,$$
$$\wp(u)^3 = u^{-6} + 9G_4 u^{-2} + 15G_6 + \cdots,$$
$$\wp'(u)^2 = 4u^{-6} - 24G_4 u^{-2} - 80G_6 + \cdots$$

がわかる．つまり各関数を u の整級数として展開してい

るのである．ここで $F(u) = \wp'(u)^2 - 4\wp(u)^3 + 60G_4\wp(u) + 140G_6$ とおけば F は $u=0$ で有限でしかも $F(0) = 0$. $\wp$ や $\wp'$ は L を周期に持つから $F(u+\omega) = F(u)$ がすべての $\omega \in L$ に対して成り立ち，だからすべての $\omega \in L$ に対して $F(\omega) = 0$ となる．$u \notin L$ なら $\wp$ も $\wp'$ も u で有限だから F も $u \notin L$ で有限，だから合せて F は $\mathbf{C}$ 上で正則な関数になる．

さてベクトル ω_1, ω_2 を2辺とする平行四辺形の周も含めたものを K とすると K は有界閉集合であるから，$|F(u)| \leq M$ が $u \in K$ に対して成り立つ実数 M がある．$F(u+\omega) = F(u)$ がすべての $\omega \in L$ に対して成り立つから $|F(u)| \leq M$ がすべての $u \in \mathbf{C}$ に対して成り立つ，すなわち F は全複素平面で有界な正則関数である．そのような正則関数は常数であるというよく知られた定理により F は常数であるが，$F(0) = 0$ であるから結局 F は恒等的に 0．これで (6.19) が証明された．

次に $z = \wp(u)$ とおいて u を z の関数と考えると (6.19) を使って

$$du/dz = (dz/du)^{-1} = \wp'(u)^{-1} = (4z^3 - g_2 z - g_3)^{-1/2}$$

を得る．L に属さない $u_0 \in \mathbf{C}$ を取り $c = \wp(u_0)$ とおくと

(6.22) $$u - u_0 = \int_c^z \frac{1}{\sqrt{4z^3 - g_2 z - g_3}} dz$$

となる．つまり右辺の積分で u が z の関数となるが，その逆関数 $z = \wp(u)$ として $\wp$ が得られるのである．sn の場

合は積分（6.10）から出発して $z=\mathrm{sn}(u)$ を得た．$\wp$ の場合には（6.14）で二重週期関数として定義したが，それもやはり（6.22）の積分の逆関数になるというわけである．

（6.10）や（6.22）の積分は，代数曲線または Riemann 面上の第1種微分と呼ばれるものの積分であるがその解説は代数関数論の教科書にまかせる．そういう積分の一般論（(6.10) を含めた）を展開したのが Abel で，だから Abel 積分と呼ばれている．

ここで，sn や $\wp$ についての重要な結果がいくつかあるのでそれらを証明なしで書いておく．

（Ⅰ）$\sin(x+y)$ や $\cos(x+y)$ の公式があるようにそれに似ているがやや複雑な公式が $\mathrm{sn}(u+v)$ や $\wp(u+v)$ にあり，**楕円関数の加法公式**と呼ばれる．複雑と言っても大したことはない．

（Ⅱ）$\wp$ と $\wp'$ との複素係数の有理式全体を考えるとこれは体になる．そしてこれは $L=\mathbf{Z}\omega_1+\mathbf{Z}\omega_2$ を週期の格子とする楕円関数の全体と一致する．

（Ⅲ）写像 $u\mapsto(\wp(u),\wp'(u))$ は $\mathbf{C}/L$ から代数曲線 $Y^2=4X^3-g_2X-g_3$ を射影曲線にしたものの上への1対1の解析的写像である．

（Ⅰ）と（Ⅱ）はすべての楕円関数の教科書に書いてあるが（Ⅲ）については代数関数論の本を見る必要があるかも知れない．

7. テータ関数と保型関数

 楕円関数は sn にせよ $\wp$ にせよ **C** 上で正則ではなく，極を持つが，それを **C** 上正則なふたつの関数の商で書こうと言うアイディアを Jacobi が得た．それが Jacobi のテータ関数と呼ばれ，$\vartheta_0, \vartheta_1, \vartheta_2, \vartheta_3$ と書かれる関数の起りである．これはどの楕円関数の教科書にも書いてあるが，困ったことにその四つの関数の記号の番号のつけ方が著者によって違うのである．ここでひとつ教科書をあげておく．

　　　竹内端三　楕円函数論　岩波全書　1936
これは古い本であるが，楕円関数などというものは新らしい結果はほとんどないから（ないこともないが），古いことを気にする必要はない．第一，これは小冊子で分量があまりない所がよい．ただ復刻がなければ手に入れにくいかも知れないが，理論の大体を知り，どんな公式があるかを見るにはこの程度で十分である．

 これの巻末に英，独，仏の古典的な教科書があげてあり，その中には再版されていて入手できるものもあると思う．そこに記号の対照表もある．

 さてこの四つのテータ関数について，それらの教科書に

は注意されていない簡単ではあるが重要な事実がある．公式を短かくするために

(7.1) $$\mathbf{e}(z) = \exp(2\pi i z) \quad (z \in \mathbf{C}),$$

(7.2) $$H = \{z \in \mathbf{C} \,|\, \mathrm{Im}(z) > 0\}$$

とおき，関数 $\theta(u, z; r, s)$ を次の式で定める．

(7.3)
$$\theta(u, z; r, s) = \sum_{m \in \mathbf{Z}} \mathbf{e}\bigl(2^{-1}(m+r)^2 z + (m+r)(u+s)\bigr).$$

ここで $u \in \mathbf{C}, z \in H; r, s \in \mathbf{R}$. この右辺が収束して (u, z) について正則な関数を定めることは容易にわかる．r, s は補助の変数であるが，それを動かした時の公式

(7.4) $\theta(u, z; r+a, s+b) = \mathbf{e}(rb)\theta(u, z; r, s) \quad (a, b \in \mathbf{Z})$

があり，これは容易である．これを見れば，$\mathbf{e}(rb)$ のような常数因子を無視すれば $(r, s) \in (\mathbf{R}/\mathbf{Z}) \times (\mathbf{R}/\mathbf{Z})$ の関数と見られる．特に r, s を $0, \pm 1/2$ としてみると

$$\theta(u, z; 0, 0) = \sum_{m \in \mathbf{Z}} \mathbf{e}(m^2 z/2) \mathbf{e}(mu),$$
$$\theta(u, z; 0, 1/2) = \sum_{m \in \mathbf{Z}} (-1)^m \mathbf{e}(m^2 z/2) \mathbf{e}(mu),$$
$$\theta(u, z; 1/2, 0) = \sum_{m \in \mathbf{Z}} \mathbf{e}\bigl((2m+1)^2 z/8\bigr) \mathbf{e}\bigl((2m+1)u/2\bigr),$$
$$\theta(u, z; 1/2, -1/2)$$
$$\quad = -i \sum_{m \in \mathbf{Z}} (-1)^m \mathbf{e}\bigl((2m+1)^2 z/8\bigr) \mathbf{e}\bigl((2m+1)u/2\bigr)$$

を得る．これらは，上記竹内の書の記号で $\vartheta_3, \vartheta_0, \vartheta_2, \vartheta_1$ になる．ただし変数を $u/2, z/2$ などで置きかえる必要はある．ともあれ四つの関数 ϑ_ν はひとつの関数 $\theta(u,z;r,s)$ に帰着されることになる．

どちらの記号を使うにせよ，$a, b \in \mathbf{Z}$ として，$u \mapsto u + az + b$ という変換を考えると，この四つの関数は，それらに $\mathbf{e}(-a^2 z - au)$ のような因子を掛けたものに移る．正確な公式は教科書にあって竹内の書にもある．ところが，まず書いてはないが重要な公式がある．それは z についての変換公式

$$(7.5) \quad \theta(z^{-1}u, -z^{-1}; r, s) \\ = \mathbf{e}(rs)(-iz)^{1/2}\mathbf{e}((2z)^{-1}u^2)\theta(u, z; s, -r)$$

である．ここで $(-iz)^{1/2}$ は $z = iy$，$y > 0$ のとき $\sqrt{y}$ となるものとする．この公式は ϑ_ν のあるものについては Jacobi がすでに得ている．

このことの意味をよく理解するために，複素解析のどの教科書にもある基本的な事実を思い出しておこう．まず，(7.2)で定義した H は通常複素上半平面と呼ばれる．$\gamma = \begin{bmatrix} a & b \\ c & d \end{bmatrix} \in SL_2(\mathbf{R})$ と $z \in H$ に対して

$$(7.6) \quad \gamma(z) = \gamma z = (az+b)/(cz+d), \quad j_\gamma(z) = cz+d$$

とおくと，$z \mapsto \gamma(z)$ は H から H への 1 対 1 の正則写像（等角写像）であり，そういう写像はすべて $SL_2(\mathbf{R})$ の元

からこのようにして得られる．これはどんな教科書にも書いてある．さらに

(7.7) $\beta(\gamma z) = (\beta\gamma)z$, $j_{\beta\gamma}(z) = j_\beta(\gamma z)j_\gamma(z)$

も容易である．ここで $SL_2(\mathbf{R})$ の元で成分がすべて整数であるものの全体を $SL_2(\mathbf{Z})$ と書くと，これは $SL_2(\mathbf{R})$ の部分群である．それの特別な元ふたつ

(7.8) $\iota = \begin{bmatrix} 0 & -1 \\ 1 & 0 \end{bmatrix}$, $\varepsilon = \begin{bmatrix} 1 & 1 \\ 0 & 1 \end{bmatrix}$

を取ると $SL_2(\mathbf{Z})$ はこれら ι と ε とで生成されることがよく知られている．（これは附録の§A2に証明する．）

さて $\iota(z) = -z^{-1}$ であって (7.5) で $u = 0$ としてみると

(7.9) $\theta(0, -z^{-1}; r, s) = \mathbf{e}(rs)(-iz)^{1/2}\theta(0, z; s, -r)$

となる．ι の代りに任意の $\gamma \in SL_2(\mathbf{Z})$ に対する $\theta(0, \gamma(z); r, s)$ はどうかと言うと，

(7.10) $\theta(0, \gamma(z); r, s) = \zeta \cdot j_\gamma(z)^{1/2}\theta(0, z; r^*, s^*)$

となる $\zeta \in \mathbf{C}, |\zeta| = 1$ および $r^*, s^* \in \mathbf{R}$ があることが言える．ここで $j_\gamma(z)$ は (7.6) で定義したものであるが，$j_\gamma(z)^{1/2}$ は H 上の正則関数で，その自乗が $j_\gamma(z)$ となるもの，それはふたつあるが，その一方を取れば ζ が定まるのである．(7.7) の $j_{\beta\gamma}(z) = j_\beta(\gamma z)j_\gamma(z)$ を使えば，(7.10) が γ と β に対して成り立てば $\beta\gamma$ に対しても成

り立つことがわかる．また γ^{-1} に対しても成り立つことがわかるから，結局（7.8）の ι と ε について（7.10）を示せばよいことになる．$\gamma = \iota$ の場合は $j_\iota(z) = z$ であって，（7.10）は（7.9）である．ε の場合は，$\varepsilon(z) = z+1$, $j_\varepsilon(z) = 1$ であって

$$\theta(0, z+1; r, s) = \mathbf{e}\bigl(-(r^2+r)/2\bigr)\theta(0, z; r, s+r+2^{-1})$$

が容易に示されるから，（7.10）がすべての $\gamma \in SL_2(\mathbf{Z})$ に対して成り立つことが示されたわけである．実は $\theta\bigl(j_\gamma(z)^{-1}u, \gamma(z); r, s\bigr)$ の形で（7.10）を含む公式があるがそれは省略する．

ともあれ，r と s を 0 または $\pm 1/2$ とすれば ϑ_ν ($0 \leq \nu \leq 3$) のどれについても $(u, z) \mapsto \bigl(j_\gamma(z)^{-1}u, \gamma(z)\bigr)$ という変換に対する公式が得られるのであるが，Jacobi はそれのごく特別な場合にしか気がついていなかった．このことの背後にある原理を理解しようとしたのは次の世代のRiemann や Dedekind，また彼等の後継者達なのであるが，そのことはあとまわしにして，まずひとつの注意をする．

楕円関数の古典的な教科書，つまり竹内の書にあげられている書物や，たぶんフランスの Cours d'analyse などにも，竹内の書を含めてモジュラー関数（modular function）の易しい場合が論じられているのが普通である．それを説明するのにいま $0 < N \in \mathbf{Z}$ に対して

(7.11) $\Gamma(N) = \left\{ \begin{bmatrix} a & b \\ c & d \end{bmatrix} \in SL_2(\mathbf{Z}) \,\middle|\, a \equiv d \equiv 1, \right.$
$$\left. b \equiv c \equiv 0 \pmod{N} \right\}$$

とおくと，これは $SL_2(\mathbf{Z})$ の部分群であることはすぐわかる．さてある N について $\Gamma(N)$ を含む $SL_2(\mathbf{Z})$ の部分群 Γ を取る．H 上の有理型関数 f で，すべての $\gamma \in \Gamma$ について $f(\gamma(z)) = f(z)$ となるものを考える．さらに任意の $\alpha \in SL_2(\mathbf{Z})$ に対して $f(\alpha(z))$ を考えると $f(\alpha(z)) = \sum_{m \in \mathbf{Z}} c_m \mathbf{e}(mz/N)$ と書けることがわかる．ここで $c_m \in \mathbf{C}$．この右辺が $\sum_{m=k}^{\infty} c_m \mathbf{e}(mz/N)$ と書けるような $k \in \mathbf{Z}$ があるとき（つまり $q = \mathbf{e}(z/N)$ の関数と見て $f(\alpha(z))$ が $q = 0$ で真性特異点を持たないとき）に f を Γ に関する**モジュラー関数**と言う．

そのような関数の例はすでに Gauss が知っていたと言うし，また Jacobi も sn 関数に関して現れる各種の量がモジュラー関数の性質を持っていることを認識していたと思われる．一番基本的なのは (6.20) の g_2, g_3 を使って，

(7.12) $\quad J(z) = \dfrac{g_2(\omega_1, \omega_2)^3}{g_2(\omega_1, \omega_2)^3 - 27 g_3(\omega_1, \omega_2)^2},$
$$z = \omega_1/\omega_2$$

で定まる関数 J である．$\omega_1/\omega_2 = z$ とおけば $z \in H$ で，(7.12) の右辺は ω_1, ω_2 の関数であるが，それが z にしかよらないことがすぐわかるから z の関数として $J(z)$ と書くのである．

この J は $SL_2(\mathbf{Z})$ に関するモジュラー関数であり，逆に $SL_2(\mathbf{Z})$ に関するモジュラー関数はすべて J の複素係数の有理式であることが証明できる．普通よく書かれているのはこのほかに $\lambda(z)$ と書かれる $\Gamma(2)$ に関するモジュラー関数があり，これは楕円積分 (6.10) の k^2 と同じものなのである．

ともあれ J や λ，その他のモジュラー関数は自然に現れて来てどうしても避けられない数学的対象で，今日楕円関数を論ずるならば，かなりの程度までモジュラー関数，そしてまたモジュラー形式（modular form）を含めることが望ましい．J と λ だけに止めてもよいが，その先があるということは注意すべきであろう．

複素解析で何を教えるべきかの問題から出発してここまで来たが，そこに戻って楕円関数以外の重要な特殊関数について考えてみよう．わかり易くするために参考書をひとつあげる．

[WW] E. T. Whittaker and G. N. Watson, A Course of Modern Analysis, 4th ed., Cambridge Univ. Press, 1927.

これの第一部は関数の一般論で Cauchy の積分定理，線形常微分方程式，積分方程式などが書いてある．第二部が各種の特殊関数にあてられていて，超幾何級数，ベッセル関数その他の二階線形常微分方程式の解がかなり詳しく解説されている．楕円関数もあるし，ϑ_ν も出て来て，(7.5) の特別（ϑ_ν で書いたもの）の場合の証明などもあ

る．モジュラー関数はほんの少ししかない．手放しで良著であるとも言いにくいが，これだけ書いてある本は他にはなく，まず有用な書であることは確かである．

特殊関数ではないが，昔流の関数論の本の延長上にあるような，しかしかなり面白い本があるのでここに注意する．

[T] E. C. Titchmarsh, The Theory of Functions, 2nd ed., Oxford Univ. Press, 1939.

何度もリプリントされて，新しいほど誤植が少ない．これは普通の解析関数の理論をPicardの定理を含めて普通に展開するが，その上Dirichlet級数，実直線上のLebesgue積分，Fourier解析なども含まれている．そしてFourier級数の理論がLebesgue積分のあとに来るので，Fourier級数の収束に関するJordan-Dirichletの定理などの証明が簡単になり，よく使われている微積分の教科書にあるような不器用さはない．

理論を展開して主要定理を証明するばかりでなくいろいろの定理が含まれている．その中にはおぼえる必要はないものが多いが，よく使われる結果であるが初等的な教科書に書いてないものがある．たとえば：

定理 7.1. $f(s) = \sum_{n=1}^{\infty} a_n n^{-s}$ で $a_n \geq 0$ ならば，これの収束境界軸上の実の点は f の特異点である．

証明は複雑ではないが，いきなり自分で証明せよと言われたら困るのではないか．これは附録の§A3に少し拡張

した形で証明する.

　数学というものは基本的な定理だけ知っていればそれだけですむものではなく,そのほかにいろいろの"細かい"定理が必要になることがあり,その意味でこの書は有用である.

　ここで $\wp$-関数にもどると,Weierstrass は格子 L を取り,$\mathbf{C}$ 上の関数で $m \in L$ に対して平行移動 $z \mapsto z+m$ で不変なものを考えたのであった.同様にモジュラー関数は $\Gamma \subset SL_2(\mathbf{Z})$ を取って,H 上で $\gamma \in \Gamma$ に対し $z \mapsto \gamma(z)$ という変換で不変な関数であった.

　これの発展として $\mathbf{C}$ の代りに $\mathbf{C}^n$ を考える,あるいは H の代りに高次元の対称空間を考えるというのがある.実は,(6.9) の $P(z)$ が 5 次以上であるときの積分を超楕円積分と呼ぶが,それについての Jacobi の研究から始まったのである.これをあとで説明するが,その前に一変数の範囲での Poincaré の仕事があるので,それを注意する必要がある.

　それは保型関数(automorphic function)であって,モジュラー関数のようなものであるが,$SL_2(\mathbf{Z})$ の部分群ではなく,より広く $SL_2(\mathbf{R})$ の部分群 Γ であって,$SL_2(\mathbf{R})$ の位相部分群として離散的(discrete)なものを考える.Γ は H に作用するがその商空間を H/Γ と書くときそれがコンパクトであるような Γ を取る.そのような Γ を Poincaré がはじめて 1886 年に発見したのである.そして H 上の有理型関数 f で,すべての $\gamma \in \Gamma$ に対

して $f(\gamma(z)) = f(z)$ となるものを Γ に関する**保型関数**と言う.

この Γ の発見とそれに続く彼の研究は彼の三十代前半のもので,彼にとって印象深く,また愛着の感情をもって思い起されるものであったらしい.彼は『科学と方法』の中で自分の数学的発見がいかに突発的なものであったかの例をいくつか書いているが,それらはすべてこの Γ と保型関数についてである.これについて日本語でも英語でも筆者は書いたことがある.そこには『科学と方法』以後の発展についても書いてあるが,ここではそれに立ち入らない.

Poincaré は Γ に関する保型関数を構成するのに,Jacobi のテータの考えに導びかれて,彼がテータ-フックス級数と呼んだ関数を作り,そのふたつの商を考えた.それは **Poincaré 級数**とも呼ばれる.

ここでひとつ注意すると,Poincaré 級数はいろいろの形で研究され高次元空間でも定義され,解析的に関数の存在証明に有用な道具であるが,収束条件などがあるために,つねに最上の結果を与えてはくれない.特に整数論的には役に立たないものである.しかし Poincaré と名がつくと何か重要であるような感じを与えるので,少なからぬ数の研究者を誤解に導びいた.これに似たようなことは他の有名数学者でもあることだから,ここに一言注意しておく.

この Γ がどうして得られたかというと,第 4 章で書

いた $SU(2) \to SO(3)$ と同様な考えによったのである. $SU(2)$ も $SO(3)$ もコンパクトであるが $SU(2)$ の代りに $SL_2(\mathbf{R})$ をとり, $SO(3)$ の代りに不定値3変数2次形式 Φ の直交群 $SO(\Phi)$ をとると, $SL_2(\mathbf{R}) \to SO(\Phi)$ という写像があり, Poincaré は $SO(\Phi)$ の中の整数係数のもののつくる部分群を $SL_2(\mathbf{R})$ に引きもどして Γ を得たのである. これは附録の §A8 に詳しく説明する. Φ を四元数環の一般化を有理数体 $\mathbf{Q}$ 上で考えたものに結びつけることもできて, ここにも数学の発展の多方向性が見られる.

さらに, 彼はより一般な Γ を考えれば, すべての代数曲線が解析的には H/Γ の形になるといういわゆる一意化 (uniformization) の定理を 1897 年に得た. これは独立に Koebe によっても証明された. これらは楕円関数そのものと直接に結びつくものではないが, 発想法としてかなり近い位置にあることは確かである.

この Poincaré が 1886 年に発見した Γ は Fricke により拡張され, それをまた Siegel が彼のよく知られた 1943 年の symplectic geometry の論文の中で高次元の場合にして考えている. そしてこれらの群から生ずる代数曲線や代数多様体の整数論的研究が私の二十代から三十代にかけての研究主題であった.

8. Riemann のテータ関数と Dedekind の η

ここで Abel-Jacobi に戻ると，彼等は (6.9) のような積分，今日 Abel 積分と呼ばれているものを研究し，それは Riemann によって受けつがれ，今日代数関数論と呼ばれるものの基礎ができた．もちろん代数関数論に寄与した人の数は多いが，ここでは前章で書いた二重週期関数やテータ関数に直接つながるものだけを見よう．

楕円関数は $\mathbf{C}$ の中の格子 L を週期とする関数であるが，$\mathbf{C}$ の代りに $\mathbf{C}^n$ を取るのである．$\mathbf{C}^n$ の加法的部分群 L で $\mathbf{Z}^{2n}$ に同型で離散的なものを $\mathbf{C}^n$ の**格子**と呼ぶ．そこで $\mathbf{C}^n$ 上の有理型関数 f で $f(u+m)=f(u)$ がすべての $m\in L$ に対して成り立つものを考える．ところが，そういう f が常数以外にない場合があり，またあってもそういう f が n に比べて少ししかないような場合もある．そこの議論は省略して結果だけ書くと次のようになる．

まず空間 H_n を次の式で定義する．

(8.1) $\quad H_n = \{z \in M_n(\mathbf{C}) \,|\, {}^t z = z, \operatorname{Im}(z) > 0\}.$

$z \in H_n$ とすれば z は n 次の実の行列 x と y によって $z = x+iy$ と書くことができるが，x も y も対称行列である．

このとき $\mathrm{Im}(z)>0$ という条件は，この y が正値定符号であるということである．この H_n は **Siegel の n 次上半空間**と呼ばれる．$n=1$ とすればこれは (7.2) の複素上半平面になる．$z\in H_n$ に対して

(8.2) $\quad L(z) = \{za+b \mid a\in \mathbf{Z}^n, b\in \mathbf{Z}^n\}$

とおけば，これは $\mathbf{C}^n$ 内の格子であり，$\mathbf{C}^n/L(z)$ は n 次元複素多様体であり，ある（高）次元の複素射影空間の中の特異点を持たない代数多様体になる．こういう術語の意味はまあどうでもよく $L(z)$ を週期の格子に持つ $\mathbf{C}^n$ 上の有理型関数が十分数多くある，というぐらいのことと思っていればよい．そしてそのようになる"よい格子" M は $\mathbf{C}^n$ の座標変換で，適当な $z\in H_n$ を取れば $L(z)$ になるのである．（これは言いすぎで $hL(z)\subset M\subset L(z)$ となる正整数 h があるというのが正しい．）だから形の上では $L(z)$ は特別な格子であるが，実は代表的な格子である．次に

(8.3) $\quad \theta(u,z;r,s) = \sum_{g-r\in \mathbf{Z}^n} \mathbf{e}\bigl(2^{-1}\cdot {}^tgzg + {}^tg(u+s)\bigr)$

とおき，これを **Riemann のテータ関数**と呼ぶ．ここで $u\in \mathbf{C}^n, z\in H_n, r\in \mathbf{R}^n, s\in \mathbf{R}^n$ である．この右辺が収束して $(u,z)\in \mathbf{C}^n\times H_n$ の正則関数になることがわかる．（これは §A5 に証明する．）$n=1$ とすれば (8.3) は (7.3) になる．ここで重要な事実は (7.5), (7.9), (7.10) のような公式が (8.3) の θ に対しても証明され

て，それはいわゆる Siegel モジュラー形式に導びかれるということである．

ここで参考文献を四つあげる．

[W58] A. Weil, Introduction à l'étude des variétés kaläriennes, Hermann, Paris, 1958.

[S93] G. Shimura, On the transformation formulas of theta series, American Journal of Mathematics, 115 (1993), 1011-1052 (=Collected Papers, IV, 191-232).

[S98] G. Shimura, Abelian Varieties with Complex Multiplication and Modular Functions, Princeton Univ. Press, 1998.

[S07] G. Shimura, Elementary Dirichlet Series and Modular Forms, Springer Monographs in Mathematics, Springer, 2007.

[W58] には $\mathbf{C}^n$ のテータ関数が (8.3) のように座標で書かずに intrinsic に扱われている．これは基本的な事実をまとめてあるので，理論を知るのに一読しておくとよい．[S98] はその最後の章に (8.3) が扱われ，(u, z) のもっとも一般的な変換についての (7.5), (7.9), (7.10) の拡張が与えられている．これは十九世紀末にはできていた公式であるが，それのたぶんもっとも短かい証明が [S98] にある．そのほか Abel 積分の週期，Abel 多様体の定義体などについての応用がある．

テータ関数についての教科書は数は少ないが英文でいくつかあるが，それらはすべて代数幾何学の古典的な問題意

識で書かれていて，ある特別な問題には役に立つが，それ以外にテータ関数を解析関数として使って応用する立場では書かれていない．その不満を満たすために Siegel モジュラー関数との関係を含めて，理論のためというより使う人のために [S98] のその章を書いたのである．

[S07] はこれより易しく，$n=1$ の場合であるが，$\wp$-関数，J や λ を含むモジュラー関数についての古典的な結果やいくらかの新らしい結果をなるべく簡明なやり方で説明したものである．

テータ関数と言うと Riemann の考えた (8.3) ばかりでなく，定符号，不定符号の二次形式に対して Hecke や Siegel が定義したものがある．それらを全部含めた関数の変換公式のおそらくもっとも広いものが [S93] にある．これは後章にのべるメタプレクティック群の知識が必要であるから初心者向きとは言えないが，それの使い方を整理して書いてあるから，不親切ではないと思う．この種の文献はほかにはあまりない．

ここで公式 (7.10) に戻る．これの n 次元への一般化を第 10 章で説明するが，実は $n=1$ の時すでに問題がある．それは (7.10) の $j_\gamma(z)^{1/2}$ があいまいである点である．ここで

(8.4) $\quad \Gamma(2) = \left\{ \begin{bmatrix} a & b \\ c & d \end{bmatrix} \in SL_2(\mathbf{Z}) \,\middle|\, b \in 2\mathbf{Z}, c \in 2\mathbf{Z} \right\}$

とおくと，(7.3) で $r=s=0$ とした関数について

$$\gamma = \begin{bmatrix} a & b \\ c & d \end{bmatrix} \in \varGamma(2) \text{ で } d > 0 \text{ ならば}$$

(8.5) $\qquad \theta(0, \gamma(z); 0, 0) = h_\gamma(z) \theta(0, z; 0, 0)$

となる H 上の正則関数 $h_\gamma(z)$ がきまって $h_\gamma(z)^2 = \left(\dfrac{-1}{d}\right) j_\gamma(z)$ となることが示される. ここで $d \mp 1 \in 4\mathbf{Z}$ に対して $\left(\dfrac{-1}{d}\right) = \pm 1$ と定める. もっと簡単になればよいが, そうなってしまうのだから仕方がない. この現象は $\theta(0, z; 0, 0)$ に限らない. $\theta(0, z; r, s)$ の適当な一次結合を作ると

(8.6) $\qquad \eta(z) = \sum_{m=1}^{\infty} \left(\dfrac{3}{m}\right) \mathbf{e}(m^2 z / 24) \quad (z \in H_1)$

という関数が得られ, これは

(8.7) $\qquad \eta(z) = \mathbf{e}(z/24) \prod_{n=1}^{\infty} (1 - \mathbf{e}(nz))$

という形で Jacobi に知られていた. 彼が (8.6) を知っていたかどうかは確かでないが, それは重要でない. これについては

(8.8a) $\qquad \eta(z+1) = \mathbf{e}(1/24)\eta(z),$
(8.8b) $\qquad \eta(-z^{-1}) = (-iz)^{1/2} \eta(z)$

がわかる. (8.8a) は (8.6) からも (8.7) からもすぐ出る. (8.8b) も昔から知られていて, (8.6) を $\theta(0, z; r, s)$ の一次結合として表わす式に (7.9) を適用しても出

る．これは [S07] の p.19 に説明してある．$(-iz)^{1/2}$ は $z=iy$ のとき $y^{1/2}$ になるものとする．

ここで (7.8) の ι と ε を考えると，$SL_2(\mathbf{Z})$ はこのふたつの元で生成されるのであった．さて (8.8a), (8.8b) はそれぞれ $\eta(\varepsilon(z)), \eta(\iota(z))$ の公式であるからそれらを組み合わせれば，任意の $\gamma \in SL_2(\mathbf{Z})$ に対して

$$(8.9) \qquad \eta(\gamma(z)) = p_\gamma(z)\eta(z)$$

となる H 上の関数 $p_\gamma(z)$ があって $p_\gamma(z)^{24} = j_\gamma(z)^{12}$ となることがわかる．実は $\gamma = \begin{bmatrix} a & b \\ c & d \end{bmatrix} \in \Gamma(2)$ で b, c が 24 の倍数ならば $p_\gamma = h_\gamma$ であることもわかる．

この η は今日 Dedekind の eta 関数と呼ばれているが，その理由は次の歴史的事実による．Riemann は楕円関数論に出て来る各種の常数やその積分を変数 q の無限級数として表わす公式を数多く含むノートを残した．(Gesammelte Mathematische Werke, Nachlass XXVIII.) ここで q は楕円関数の週期を ω_1, ω_2 として $z = \omega_1/\omega_2$ とおいたとき大体 $\mathbf{e}(z)$ または $\mathbf{e}(z/2)$ と考えてよい．この Nachlass を理解するために Dedekind が η を研究して，結果をその Riemann の全集につけ加えたから η のその名がある．これは Dedekind の全集にも入っている．

Dedekind の求めたのは任意の $\gamma = \begin{bmatrix} a & b \\ c & d \end{bmatrix} \in SL_2(\mathbf{Z})$ に対して $\log \eta(\gamma(z)) - \log \eta(z)$ を a, b, c, d で表わす公式

である．Riemann の残した式は，楕円関数論に出て来るいろいろの量が今日の言葉でモジュラー形式で，しかも重さが半整数（half-integral weight）のものであり，$SL_2(\mathbf{Z})$ の元 γ による変換に対し興味深い性質を持つことを，今日の言葉で q に関する Fourier 展開で具体的に書くことで示しているように見えるが，私にはどうもよくわからない．ともあれ Riemann も Dedekind もそこに何か簡単に片づけられないものがあることを認識していたことは確かである．Dedekind は Riemann がたぶんこのように考えていたのだろうという推測をのべているが，果してそうであったかどうかはわからない．この点について第 10 章で私の推測をのべる．

いずれにせよ重さ半整数のモジュラー形式というものはどうしても出て来て，しかも気になる対象物である．それを気にしたのは Jacobi と Riemann であり Dedekind はこの解説文を書いた後にはその分野から立ち去ってしまった．実際これをよりよく理解するためには新らしい立場が必要であって，それについては後の章でのべる．

9. Lebesgue 積分と Fourier 解析

複素変数の解析関数の話は前章まででおしまいにして，次は実変数の通常 Lebesgue 積分と呼ばれる理論とその延長上にある分野について書いてみよう．Lebesgue 積分を論ずるやり方には大体三通りある．

1. 実直線 **R** 上だけでやる．
2. 一般の測度空間 (measure space) で始めるが，それは $\mathbf{R}^n$ での積分をやるための手段で結局それだけになる．
3. 一般の測度空間で，$\mathbf{R}^n$ ももちろんやるが，最後まで定理をできるだけ一般の場合に証明する．

どれがよいかと言うと，3 が一番よい．初等的な教科書でもそうだというのである．その理由は，たとえば自然数の集合を N とすると $N=\{1,2,3,...\}$ で，この集合で各元の測度を 1 とすれば，N は測度空間になり，N 上の関数を $f(n), n \in N$ と書けば，$\int_N f = \sum_{n \in N} f(n)$ となる．右辺は $\lim_{m \to \infty} \sum_{n=1}^m f(n)$ ではなく，$\sum f(n)$ が絶対収束の場合に f は積分可能ということになる．だから単なる収束の場合を含まないが，それでも一般論のいろい

ろの定理が使える. 一番よい例は Fubini-Tonelli の定理で, それを説明しよう.

いま測度空間 $(X,\mu),(Y,\nu)$ が与えられていて, それらの積 $(X\times Y,\mu\times\nu)$ が定まる. ここで X 上の可測関数 f の積分 $\int_X f(x)d\mu(x)$ を単に $\int_X f(x)dx$ と書き, 同様に $\int_Y g(y)dy$, $\int_{X\times Y} h(x,y)d(x,y)$ と書く. いま $X\times Y$ 上の可測関数 h について

$$(9.1)\quad \begin{cases} \int_X \int_Y h(x,y)dydx, \\ \int_Y \int_X h(x,y)dxdy, \quad \int_{X\times Y} h(x,y)d(x,y), \end{cases}$$

$$(9.2)\quad \begin{cases} \int_X \int_Y |h(x,y)|dydx, \\ \int_Y \int_X |h(x,y)|dxdy, \quad \int_{X\times Y} |h(x,y)|d(x,y) \end{cases}$$

を考える. このとき, 通常 Fubini-Tonelli の名で呼ばれる次の定理が成り立ち, たいていの (よい) 教科書にある.

定理 9.1. (9.2) の三つの積分のうちどれかが有限であれば残りのふたつも有限であり, そのとき (9.1) の三つの積分はそれぞれ意味を持ち, すべて相等しい.

たとえば $X=\mathbf{R},Y=\mathbf{N}$ とすると次のような結果を得る. $\mathbf{R}$ 上の可測関数の列 $\{f_n(x)\}_{n=1}^\infty$ が与えられて $\sum_{n=1}^\infty \int_{\mathbf{R}} |f_n(x)|dx < \infty$ ならば

$$\int_{\mathbf{R}} \sum_{n=1}^{\infty} f_n(x)dx = \sum_{n=1}^{\infty} \int_{\mathbf{R}} f_n(x)dx$$

である．これだけならば $\mathbf{R}$ 上の Lebesgue 収束定理からも出るが，要は $\sum_{n=1}^{\infty}\int_{\mathbf{R}^n}$, $\int_{\mathbf{R}^n}\int_{\mathbf{R}^m}$, $\sum_{n=1}^{\infty}\sum_{m=1}^{\infty}$ などの順序の入れかえは（測度空間がいくつあっても）絶対収束でありさえすれば自由にできることになる．一様収束性はいらない．

項別微分はそう簡単でない．微積分の教科書に書いてある定理は微分の次数が大きい場合には使いにくい．関数が複素変数でしかも正則ならばよく知られた原理があり（たとえば [S07, Theorem A1.4] に易しい場合の解説がある）それでよいが，単に実変数の場合は，おそらく超関数（distribution）にして，微分作用素の随伴作用素や試料関数の考えを持ち込んだ方がよいであろう．専門家は知っているが書いてある物はほとんどない．私の Collected Papers, III, p. 922 に解説がある．ここでは立ち入らないが，一般的に言えることは，あまり初等的微分積分のレベルにとどまっていないで，使えるものは使った方がよいということである．

それは別問題として Lebesgue 積分のおかげで理論が簡明になったものに Fourier 解析がある．まず $0 < p \in \mathbf{R}$ に対して $\mathbf{R}^n$ 上の複素数値可測関数 f で

(9.3) $$\int_{\mathbf{R}^n} |f(x)|^p dx < \infty$$

となるものの全体を $L^p(\mathbf{R}^n)$ と書く．（ここでふたつの

関数が $\mathbf{R}^n$ の測度 0 の集合を除いては同じ値を取るとき $L^p(\mathbf{R}^n)$ の同じ元を定めるものとする．この点については教科書に説明してある．）特に $L^1(\mathbf{R}^n)$ と $L^2(\mathbf{R}^n)$ が重要である．$f, g \in L^2(\mathbf{R}^n)$ に対してその内積 $\langle f, g \rangle$ を

$$\langle f, g \rangle = \int_{\mathbf{R}^n} f(x)\overline{g(x)} dx$$

で定義する．これは実際有限であって，$L^2(\mathbf{R}^n)$ はこの内積によって Hilbert 空間になる．特に f のノルム $\|f\|$ が

$$(9.4) \quad \|f\| = \langle f, f \rangle^{1/2} = \left\{ \int_{\mathbf{R}^n} |f(x)|^2 dx \right\}^{1/2}$$

で定義される．Hilbert 空間の定義は面倒ではないが，以下の議論には必要がないので省略する．

さて $f \in L^1(\mathbf{R}^n)$ に対してその Fourier 変換 $\hat{f}$ を

$$(9.5) \quad \hat{f}(x) = \int_{\mathbf{R}^n} f(y) \mathbf{e}(-\sum_{\nu=1}^n x_\nu y_\nu) dy \quad (x \in \mathbf{R}^n)$$

で定義すると，$\hat{f}$ は $\mathbf{R}^n$ 上の連続関数であるが，それが $L^1(\mathbf{R}^n)$ または $L^2(\mathbf{R}^n)$ に属するかどうかは何とも言えない．しかし次の定理が成り立つ．

定理 9.2. （ⅰ）$f \in L^1(\mathbf{R}^n)$ で $\hat{f} \in L^1(\mathbf{R}^n)$ ならば

$$(9.6) \quad f(x) = \int_{\mathbf{R}^n} \hat{f}(y) \mathbf{e}(\sum_{\nu=1}^n x_\nu y_\nu) dy$$

が x の測度 0 の集合を除いて成り立つ．

（ⅱ）$f \in L^1(\mathbf{R}^n) \cap L^2(\mathbf{R}^n)$ ならば $\hat{f} \in L^2(\mathbf{R}^n)$ であり，また $\|\hat{f}\| = \|f\|$ である．

(iii) $L^1(\mathbf{R}^n) \cap L^2(\mathbf{R}^n)$ は $L^2(\mathbf{R}^n)$ の中で密 (dense) である.

(iv) (ii) の対応 $f \mapsto \hat{f}$ は $L^2(\mathbf{R}^n)$ のユニタリー作用素 T (つまり, $L^2(\mathbf{R}^n)$ のそれ自身の上への $\mathbf{C}$ 上の 1 対 1 線形写像 T で $\|Tx\| = \|x\|$ であるもの) に拡張される.

これは理論的に重要な結果であるが, 実用的な面もある. それは $f \in L^1(\mathbf{R}^n) \cap L^2(\mathbf{R}^n)$ に対して $\hat{f}$ は容易に計算できるが, $\hat{f} \in L^2(\mathbf{R}^n)$ が上の定理で保証されるから $|\hat{f}|^{1/2} \in L^1(\mathbf{R}^n)$ となり $|\hat{f}|^{1/2}$ が可積分であることがわかる. $|\hat{f}|^{1/2}$ の具体的な形を使おうとすると案外面倒なことがあり, この考え方は有用である.

ここで $\mathbf{R}^n$ での Fourier 解析の参考書をひとつあげる.

[SW] E. M. Stein and G. Weiss, Introduction to Fourier Analysis on Euclidean Spaces, Princeton Univ. Press, 1971.

これは Lebesgue 積分と複素解析の基本的な所だけ知っていれば読めて, 難かしい本ではない.

ここまで Fourier 変換は出て来たが, Fourier 級数は出て来なかった. これは一次元の時に初等的な微積分の本にも書いてあるが, n 次元でもできて, そうした方がよい理由もある. いま $\mathbf{R}^n$ の中の格子 $\mathbf{Z}^n$ を取ったとき $\mathbf{Z}^n$ を週期に持つ $\mathbf{R}^n$ の関数を考えると, これは $\mathbf{R}^n/\mathbf{Z}^n$ の関数と考えられる. (昔流の本だと一次元の場合, たいてい週期を 2π の倍数にしてあるが n 次元で理論を進めるには

$\mathbf{Z}$ を週期にした方がやり易い.) そこで $\mathbf{R}^n/\mathbf{Z}^n$ の上で測度が考えられる. これは $[0,1]\times\cdots\times[0,1]$ (n 個の直積) と思ってよく, $L^p(\mathbf{R}^n/\mathbf{Z}^n)$ が定義される. (9.3) の $\mathbf{R}^n$ を $\mathbf{R}^n/\mathbf{Z}^n$ にすればよい.

$f\in L^1(\mathbf{R}^n/\mathbf{Z}^n)$ を取って, その Fourier 係数 $\tilde{f}(m)$ が $m\in\mathbf{Z}^n$ に対し

$$(9.7)\quad \tilde{f}(m) = \int_{\mathbf{R}^n/\mathbf{Z}^n} f(x)\mathbf{e}\bigl(-\textstyle\sum_{\nu=1}^n m_\nu x_\nu\bigr)dx$$

で定義される. $n=1$ ならば f は $[0,1]$ の関数と考えられて, $m\in\mathbf{Z}$ に対して $\tilde{f}(m)=\int_0^1 f(x)\mathbf{e}(-mx)dx$ である. Fourier 変換の場合 $\mathbf{R}^n$ 上の関数 f にやはり $\mathbf{R}^n$ 上の関数 $\hat{f}$ を対応させるのであるが, 今度は $\mathbf{R}^n/\mathbf{Z}^n$ 上の関数 f に対し, $\mathbf{Z}^n$ 上の関数 $\tilde{f}$ を対応させるのである.

$L^p(\mathbf{Z}^n)$ も定義できる. この章の始めに N について言ったように, $\mathbf{Z}^n$ の各元の測度を 1 とするから, $L^p(\mathbf{Z}^n)$ は $\mathbf{Z}^n$ 上の関数 g で $\sum_{m\in\mathbf{Z}^n}|g(m)|^p<\infty$ となるもの全体である. だから

$$L^1(\mathbf{R}^n)\cap L^2(\mathbf{R}^n)\in f\mapsto \hat{f}\in L^2(\mathbf{R}^n)$$

の代りに

$$L^1(\mathbf{R}^n/\mathbf{Z}^n)\cap L^2(\mathbf{R}^n/\mathbf{Z}^n)\in f\mapsto \tilde{f}\in L^2(\mathbf{Z}^n)$$

となり, また

$$L^1(\mathbf{Z}^n) \cap L^2(\mathbf{Z}^n) \in g \mapsto g^* \in L^2(\mathbf{R}^n/\mathbf{Z}^n),$$

$$g^*(x) = \sum_{m \in \mathbf{Z}^n} g(m)\mathbf{e}(-\textstyle\sum_{\nu=1}^n m_\nu x_\nu)$$

となっている．そして定理9.2はすべてこの場合の言明に書きかえることができる．それは読者が自分で書いて見られるとよいと思う．[SW] にきちんと書いてある．

だから Lebesgue 積分を教科書に入れるならば，L^2 の概念や Fourier 変換がユニタリー作用素であるぐらいの所まで含めた初等的な（[SW] などよりは分量の少ない）本があってもよいのではないか．

$\mathbf{Z}^n, \mathbf{R}^n, \mathbf{R}^n/\mathbf{Z}^n$ は locally compact abelian group であって，Fourier 解析はそのような群の上での理論として自然に展開される．これはつまらない拡張のための拡張ではなく，整数論などでも重要であるが，ここでは立ち入らない．

Fourier 解析にはいろいろ興味ある応用があるが，ここでは7章に書いたテータ関数の変換式（7.5）を出すのに必要な **Poisson の和公式**だけ注意しておこう．

定理 9.3（Poisson の 和 公 式，Poisson Summation Formula）．$f \in L^1(\mathbf{R}^n)$ が連続であるとき

(9.8) $\quad \mathrm{vol}(\mathbf{R}^n/L) \sum_{\ell \in L} f(x+\ell) = \sum_{m \in \tilde{L}} \hat{f}(m)\mathbf{e}({}^t m x)$

が成り立つ．ただし両側の級数が絶対収束するものとす

る．右側についてこれは $\sum_{m \in \tilde{L}} |\hat{f}(m)|$ が収束することを意味する．特に

$$(9.9) \qquad \mathrm{vol}(\mathbf{R}^n/L) \sum_{\ell \in L} f(\ell) = \sum_{m \in \tilde{L}} \hat{f}(m).$$

ここで L は $\mathbf{R}^n$ の格子で，

$$\tilde{L} = \{x \in \mathbf{R}^n \mid \text{すべての } y \in L \text{ に対し} {}^t xy \in \mathbf{Z}\}$$

とする．$L = \tilde{L} = \mathbf{Z}^n$ としても実質的内容は失われない．そのとき $\mathrm{vol}(\mathbf{R}^n/L) = 1$.

ここでは簡単のために収束を仮定したが，収束の条件はいろいろある．[SW] にもある．収束を仮定すれば証明は易しい．[S07] にある．

この定理を応用するためによく知られた事実に注意する．

定理 9.4. $\mathbf{R}$ 上の関数 $f(x) = \exp(-\pi x^2)$ に対して $\hat{f} = f$.

証明． これはそう簡単でないが，複素解析を使えば次のように短い証明が得られる．微積分のどんな教科書にもある $\int_{-\infty}^{\infty} \exp(-ax^2) dx = \sqrt{\pi/a}$ から出発する．これは書き直して $\int_{-\infty}^{\infty} \exp(-\pi x^2) dx = 1$ となる．さて

$$(9.10) \qquad \int_{\mathbf{R}} \exp(-\pi(x+z)^2) dx = 1$$

がすべての $z \in \mathbf{C}$ について成り立つことを示そう．実変

数 u と t を取り $z=u+it$ とすると

(9.11) $\exp(-\pi(x+u+it)^2)$
$\quad = \exp(-\pi(x+u)^2)\exp(-2\pi(x+u)it)\exp(\pi t^2)$

であるから,絶対値を取ってみれば,(9.10) の積分は z がある有界集合に属するときに一様に収束し,従って z の正則関数を定める.しかも $z\in\mathbf{R}$ ならば始めに言った公式により積分の値は 1 である. $\mathbf{C}$ 上の正則関数は $\mathbf{R}$ 上の値できまってしまうから,(9.10) がすべての $z\in\mathbf{C}$ に対して成り立つ.そこで (9.11) で (9.10) の積分を書き直してそれに $\exp(-\pi t^2)$ を掛ければ $x+u$ を x とおいて

$$\int_{\mathbf{R}} \exp(-\pi x^2)\mathbf{e}(-xt)dx = \exp(-\pi t^2)$$

を得る.それが求める結果である.(証終)

この定理と Poisson 和公式の応用をひとつ書く.まず $z\in H, u\in\mathbf{C}, s\in\mathbf{R}$ を取り $f(x)=\mathbf{e}(2^{-1}x^2z+x(u+s))$ とおいて $\hat{f}$ を計算すると

$$\hat{f}(t) = (-iz)^{-1/2}\mathbf{e}(-(2z)^{-1}(t-u-s)^2)$$

となる.これは読者の演習問題としておく.(ヒント: $z=iy, 0<y\in\mathbf{R}$ の場合をやればよい.)そこでこの f と $\hat{f}$ に Poisson 和公式を $n=1$ で適用すると (7.5) が得られ,$u=0$ とおけば (7.9) となる.すでにのべたように,これは ϑ_ν のあるものについて Jacobi が得ていたが,そ

れを Poisson はいま説明したようなやり方で Jacobi よりはだいぶ早くその式を得ていた.

ここに数学史上の面白い現象がある. Fourier は Jacobi よりは三十歳以上の年長であって, お互にどんな数学をやっているかは承知していたが, 共によく理解してはいなかったらしい. F は Jacobi や Abel が楕円関数などに興味を持って, Fourier の立場からはより重要な熱伝導のような物理学に有用な Fourier 級数を研究しないことを残念に思っていた. 一方 J は数学の目的は F の言うような実用性にあるのでなく, 数学それ自体にあって, いわゆる「人間精神の名誉」のためのものであるとした.

Poisson は Fourier よりは十歳以上若く, 彼等の関係は私はよく知らないが, Fourier が Poisson の結果を知っていたことはまず確実であろう. しかしそれが Jacobi のテータの変換公式であることは知らなかったと思われる. 一方, その頃 Jacobi はまだ若くてテータ関数の一般論を構成していなかったであろうが, もし彼が Poisson のテクニクを知ったとしたら, それは Jacobi をしてテータ関数の性格に眼を開かしめるものがあったのではないか. そこに歴史の偶然性と皮肉がある. 彼等の数学はひとつの興味深い公式によって表わされる点で接していたのであるが, 彼等はそのことを知らず, Fourier 級数や Poisson 和公式が Jacobi の考えていたようなものを含めた「純粋数学」ではなはだ重要であることを理解したのは次の世代の人達であった.

10. Fourier 変換からメタプレクティック群へ

定理 9.2 にのべたように Fourier 変換 $f \mapsto \hat{f}$ はユニタリー作用素であった．その一方，第 9 章の終りに説明したように具体的な関数の Fourier 変換を考えて Poisson の和公式を適用すると (7.5) あるいは (7.9) という $(-iz)^{1/2}$ を含む式が得られる．さらに (7.9) は (7.10) の形に拡張され，そこでも $j_\gamma(z)^{1/2}$ というあいまいな因子が現れる．これは (7.3) のテータ関数についてばかりでなく n 次元の (8.3) の場合にも同様な現象がある．そこで本題に入る前に (7.5), (7.9), (7.10) の n 次元の場合を書いておこう．

A を $\mathbf{Z}$ または $\mathbf{R}$ として

$$Sp_n(A) = \{\alpha \in SL_{2n}(A) \,|\, {}^t\alpha \iota \alpha = \iota\},$$

$$\iota = \iota_n = \begin{bmatrix} 0 & -1_n \\ 1_n & 0 \end{bmatrix}$$

とおき，これを A 上 n 次のシンプレクティック群（symplectic group）と呼ぶ．$Sp_n(\mathbf{Z})$ は $Sp_n(\mathbf{R})$ の部分群である．$n=1$ ならば $Sp_1(\mathbf{Z}) = SL_2(\mathbf{Z}), Sp_1(\mathbf{R}) = SL_2(\mathbf{R})$ がわかる．(8.1) で定義した空間 H_n を考えて，$z \in H_n$

と $\alpha = \begin{bmatrix} a & b \\ c & d \end{bmatrix} \in Sp_n(\mathbf{R})$ に対して

$$\alpha(z) = (az+b)(cz+d)^{-1},$$
$$\mu_\alpha(z) = cz+d, \ j_\alpha(z) = \det[\mu_\alpha(z)]$$

とおく．ここで a, b, c, d は n 次正方行列で，$az+b, cz+d$ も同様 n 次正方行列である．$j_\alpha(z) \neq 0$ であり，従って $(cz+d)^{-1}$ が意味を持ち，しかも $\alpha(z) \in H_n$ であることが証明できる．つまり α の H_n への作用が定義できるわけである．さらに

(10.1) $\quad \alpha(u, z) = ({}^t\mu_\alpha(z)^{-1}u, \alpha(z)) \ (u \in \mathbf{C}^n, z \in H_n)$

として α を $\mathbf{C}^n \times H_n$ に作用させることができる．

さて (8.3) の関数が $\alpha \in Sp_n(\mathbf{Z})$ であるとき (10.1) の作用でどうなるか．その公式を簡明にするために，θ を少し修正して

$$\varphi(u, z; r, s) = \mathbf{e}(2^{-1} \cdot {}^tu(z-\bar{z})^{-1}u)\theta(u, z; r, s)$$

とおく．また，記号 $\mathbf{T}$ を

(10.2) $\quad\quad\quad \mathbf{T} = \{z \in \mathbf{C} \mid |z| = 1\}$

で定める．このとき $\gamma \in Sp_n(\mathbf{Z})$ に対して

(10.3a) $\quad \varphi(\gamma(u, z); r, s) = \zeta \cdot j_\gamma(z)^{1/2} \varphi(u, z; r', s')$

(10.3b) $\quad \theta(0, \gamma(z); r, s) = \zeta \cdot j_\gamma(z)^{1/2} \theta(0, z; r', s')$

となる．ここで r', s' は r, s と γ で定まる $\mathbf{R}^n$ の元であり

$\zeta \in \mathbf{T}$ である. $\zeta \cdot j_\gamma(z)^{1/2}$ は $z \in H_n$ の正則関数として γ によって定まるが,$j_\gamma(z)^{1/2}$ の取り方はふた通りあってそれをきめることは一般にはできない.その一方を選べば ζ がきまる.

つまり 1 次元のときの公式 (7.5) や (7.10) に平行な公式が n 次元の θ でも証明できるのである.これは第 8 章にのべたように古い公式であるが,より簡明な証明が [S98] にある.そして (10.3a) と (10.3b) の $\gamma = \iota_n$ のときは 1 次元のときと同様に Fourier 変換と Poisson の和公式から得られるのである.

Dedekind は [R] の p.468 で,公式 (10.3a) の $n=1$ の特別な場合(関数が ϑ_1 か ϑ_2 であるとき),(10.3a) の ζ に当る因子を定めようとすると,それは Gauss の和の決定に帰着するという Hermite の 1858 年の論文を引いている.Dedekind の考えは,それを彼の $\log \eta(\gamma(z)) - \log \eta(z)$ の公式から導びくということらしい.それが書かれたのは 1874 年頃であろうか.

しかし (10.3a) は次元 n でも 1892 年頃には出来ていた.そして,ここには書かないが,γ を (8.4) で定義した群 $\Gamma(2)$ に制限すれば,(10.3a) の ζ や $j_\gamma(z)^{1/2}$ がきめられるのである.だから Dedekind の公式は有用ではあるが,(10.3a) などの式をそれから出そうというのは迂遠であって,また実際的でもない.言いかえれば,(8.9) の $p_\gamma(z)$ よりは (8.5) の $h_\gamma(z)$ のほうが理論的には自然なのである.

ここでこの章の主題と言うべきふたつの問題を書く.

Ⅰ. これらの公式（1次元でも n 次元でも）で γ が ι であるときにFourier変換に対応するのであるが, 一般の γ に対応するものがあるか. あればそれはどういう変換か. そしてそれはユニタリー作用素か.

Ⅱ. $j_\gamma(z)^{1/2}$ のあいまいさはどうして出て来るのか.

これらの問題は1959-63年頃に研究された. G.Mackey, I.Segal, D.Shale, A.Weilなどの論文がある. それを少し説明してみよう. 一般の局所コンパクト可換（加法）群 G を取る. $G=\mathbf{R}$ または $G=\mathbf{R}^n$ としてもよい. $L^2(G)$ が定義できて, そのユニタリー変換全体の群を $\mathrm{Aut}(L^2(G))$ と書く. G がその双対群（dual）に同型であると仮定すると $G\times G$ に作用するシンプレクティック群（symplectic group）$Sp(G)$ が定義できる. $G=\mathbf{R}^n$ なら $Sp(\mathbf{R}^n)=Sp_n(\mathbf{R})$, $G=\mathbf{R}$ ならば $Sp(\mathbf{R})=SL_2(\mathbf{R})$. さらにそのとき**メタプレクティック群**（metaplectic group）と呼ばれ, $Mp(G)$ と書かれる群が $\mathrm{Aut}(L^2(G))$ の部分群として定義されて

$$\mathrm{Aut}(L^2(G))$$
$$\cup$$
$$1 \longrightarrow \mathbf{T} \longrightarrow Mp(G) \longrightarrow Sp(G) \longrightarrow 1$$

となる. ここで下行は $\mathbf{T}\subset Mp(G)$ で, $Mp(G)$ から $Sp(G)$ への自然な写像（それを pr と書く）があり, $Mp(G)/\mathbf{T}$ が $Sp(G)$ に同型であるという意味である. し

かし $Sp(G)$ を持ち上げて $Mp(G) = Sp(G) \times \mathbf{T}$ とすることはできない.

実は $Mp(\mathbf{R}^n)$ は次のような (β, p) の組の全体である. $\beta \in Sp_n(\mathbf{R})$ で p は H_n 上の正則関数で $p(z)^2 = t j_\beta(z)$ がある $t \in \mathbf{T}$ について成り立つようなものであり, $Mp(\mathbf{R}^n)$ における積は

$$(\beta, p)(\gamma, q) = (\beta\gamma, r), \ r(z) = p(\gamma(z))q(z)$$

で定める. $\mathrm{pr}: Mp(\mathbf{R}^n) \to Sp_n(\mathbf{R})$ は $\mathrm{pr}(\beta, p) = \beta$ である.

$Mp(\mathbf{R}^n)$ が実際ユニタリー変換としていかに $L^2(\mathbf{R}^n)$ に作用するかを $n=1$ の場合に書いてみよう. まず $L^2(\mathbf{R})$ に属する関数 $\varphi(x)$ を

$$\varphi(x) = \varphi(x; u, z) = \mathbf{e}\bigl(2^{-1} x^2 z + (4iy)^{-1} u^2 + xu\bigr)$$

$$(x \in \mathbf{R}, u \in \mathbf{C}, z \in H)$$

で定めるとき (u, z は補助のパラメータで, それによって関数 φ がきまる), $(\beta, p) \in Mp(\mathbf{R})$ に対して

$$[(\beta, p)\varphi](x) = p(z)^{-1} \varphi\bigl(x; j_\beta(z)^{-1} u, \beta(z)\bigr)$$

となる. (10.1) の記号を使えば, $(j_\beta(z)^{-1} u, \beta(z)) = \beta(u, z)$ となる. だから (β, p) の作用は $p(z)^{-1}$ という因子の乗法と, β のパラメータ (u, z) への作用との組み合わせになる.

(8.4) の $\Gamma(2)$ に戻ると, $\gamma \in \Gamma(2)$ に対して (8.5) で

定まる h_γ があるが,そこに書いておいたように $h_\gamma(z)^2 = \pm j_\gamma(z)$ であるから (γ, h_γ) は $Mp(\mathbf{R})$ の元を定める.また $h_\iota(z) = (-iz)^{1/2}$ として $(\iota, h_\iota) \in Mp(\mathbf{R})$ である.つまり $\gamma \mapsto (\gamma, h_\gamma)$ で群 $\Gamma(2)$ は $Mp(\mathbf{R})$ に持ち上げることができるのである.

次に注意すべきことは,$SL_2(\mathbf{R})$ 全体を $Mp(\mathbf{R})$ に持ち上げることはできないが

(10.4) $\quad r_P : P \longrightarrow Mp(\mathbf{R}), \ r_\Omega : \Omega \longrightarrow Mp(\mathbf{R})$

というふたつの持ち上げ (lift) がある.ここで

(10.5) $\quad \begin{cases} P = \left\{ \begin{bmatrix} a & b \\ 0 & d \end{bmatrix} \in SL_2(\mathbf{R}) \right\}, \\ \Omega = \left\{ \begin{bmatrix} a & b \\ c & d \end{bmatrix} \in SL_2(\mathbf{R}) \, \middle| \, c \neq 0 \right\} \end{cases}$

とおく.P は $SL_2(\mathbf{R})$ の部分群であるが Ω はそうでない.ただ $P\Omega P \subset \Omega$ である.持ち上げという意味は $\mathrm{pr}(r_P(\alpha)) = \alpha, \mathrm{pr}(r_\Omega(\beta)) = \beta$ となるということである.$r_P(\alpha \alpha') = r_P(\alpha) r_P(\alpha'), r_\Omega(\alpha \beta \alpha') = r_P(\alpha) r_\Omega(\beta) r_P(\alpha')$ が $\alpha, \alpha' \in P$ と $\beta \in \Omega$ に対して成り立つ.

さて任意の $f \in L^2(\mathbf{R})$ に対して次の公式が成り立つ.

(10.6) $\quad [r_P(\alpha) f](x) = |a|^{1/2} \mathbf{e}(abx^2/2) f(ax)$

$\left(\alpha = \begin{bmatrix} a & b \\ 0 & d \end{bmatrix} \in P \right),$

$$(10.7)\ [r_\Omega(\beta)f](x) = |c|^{1/2} \int_{\mathbf{R}} f(ax+by)\mathbf{e}(q_\beta(x,y))dy,$$

$$q_\beta(x,y) = 2^{-1}(abx^2+cdy^2)+bcxy$$

$$\left(\beta = \begin{bmatrix} a & b \\ c & d \end{bmatrix} \in \Omega\right).$$

$Mp(\mathbf{R})$ の説明が長くなったがこれで大体すんだ. (10.7) で $\beta=\iota$ とすると

$$[r_\Omega(\iota)f](x) = \int_{\mathbf{R}} f(y)\mathbf{e}(-xy)dy = \hat{f}(x)$$

となり, $r_\Omega(\iota)$ は Fourier 変換そのものということになる. だから Fourier 変換というユニタリー作用素が $Mp(\mathbf{R})$ というユニタリー作用素の群の中に入れられて, 特に公式 (10.7) のような具体的な式で書かれるものの特別な場合になったわけである.

ここでは $n=1$ の場合を書いたが, (10.4), (10.5), (10.6), (10.7) はすべて n 次元の場合に拡張される. $Mp(G)$ については

[W64] A. Weil, Sur certain groupes d'opérateurs unitaires, Acta Math. 111 (1964), 143-211 (=Œuvres III, 1-69).

に詳しく書いてあり, そこに 1964 年以前の文献も引かれている. しかしこれは初心者には読みづらいであろうし, 使い易いように書かれてもいない. むしろ [S93] の始めの 15 ページぐらいの方がわかり易いであろう. $Mp(\mathbf{R}^n)$ が (β,p) のような組全体になることとか $Mp(\mathbf{C}^n)$ などに

ついてもそこに解説してある．

　問題Ⅰはこのように $Mp(G)$ という群を持ち出すことで解決されたが，問題Ⅱの $j_\gamma(z)^{1/2}$ のあいまいさはどうかというとそれは $Sp(G)$ が $Mp(G)$ に持ち上げられないからだ，と言うことができる．$G=\mathbf{R}$ のとき，$\Gamma(2)$ やιあるいは P や Ω は持ち上げることができるが，$SL_2(\mathbf{R})$ 全体を $Mp(\mathbf{R})$ には持ち上げられないのであって，その困難が $(-iz)^{1/2}$ とか $h_\gamma(z)$ という因子，あるいは Dedekind の η の変換公式の複雑さと結びついているのである．

　Jacobi はそこまでは気付いていなかったと思われるが，Riemann や Dedekind はそこに何かわかりにくいものがあることに気付いていた．それを完全に理解するためには $Mp(G)$ や重さ半整数のモジュラー形式を導入することが必要であった．そして現代の研究者の立場で考えるならば，もはや Riemann の残した数多くの式にこだわるべきでなく，また $Mp(G)$ の理論を単に眺めているべきでもなく，それを Fourier 変換のように当り前の常識として使う時代になっていると私は思う．

　$SL_2(\mathbf{R})$ は上半平面 H に作用し，同様に $Sp_n(\mathbf{R})$ は空間 H_n に作用する．ここで $\mathbf{R}$ を $\mathbf{C}$ でおきかえて，$SL_2(\mathbf{C})$ や $Sp_n(\mathbf{C})$ が作用する空間があるか，またそれを具体的に書くことができるかという問題が自然に起る．それは実際にできるので，ここでは $SL_2(\mathbf{C})$ の場合だけ書いてみよう．

第4章の四元数環 $\mathbf{H}$ とその元 $\mathbf{i}, \mathbf{j}, \mathbf{k}$ を使う．まず複素数体 $\mathbf{C} = \mathbf{R} + \mathbf{R}i$ の i と $\mathbf{i}$ とを同一視して $\mathbf{C} = \mathbf{R} + \mathbf{R}\mathbf{i} \subset \mathbf{H}$ と考える．そこで $\mathbf{H}$ の部分集合 S を

(10.8) $\quad S = \{u + v\mathbf{j} \in \mathbf{H} \mid u \in \mathbf{C}, 0 < v \in \mathbf{R}\}$

で定める．これは3次元の空間である．さて $\alpha = \begin{bmatrix} a & b \\ c & d \end{bmatrix} \in SL_2(\mathbf{C})$ と $z \in S$ に対して

(10.9) $\quad \alpha(z) = \alpha z = (az+b)(cz+d)^{-1},$
$$\lambda_\alpha(z) = cz + d$$

とおくと $\alpha z \in S$, $\lambda_\alpha(z) \in \mathbf{H}^\times$ であることがわかる．さらに $\beta \in SL_2(\mathbf{C})$ を取ると

(10.10) $\quad \beta(\alpha z) = (\beta\alpha)z, \quad \lambda_{\beta\alpha}(z) = \lambda_\beta(\alpha z)\lambda_\alpha(z)$

となることも示される．

つまり $\mathbf{R}$ を $\mathbf{C}$ として上半平面 H の類似として S が得られ，(7.6) と (7.7) の類似が (10.9) と (10.10) である．

モジュラー形式の類似物もある．まず第7章の $SL_2(\mathbf{Z})$ の類似を考えるのに虚2次体 K を取るが，ここでは簡単のため $K = \mathbf{Q}(i)$ としよう．（$K = \mathbf{Q}(\sqrt{-2}), \mathbf{Q}(\sqrt{-3}), \mathbf{Q}(\sqrt{-5})$ でもよいが．）$K \subset \mathbf{C}$ と考えて $R = \mathbf{Z}[i] = \mathbf{Z} + \mathbf{Z}i$, $\Delta = SL_2(R)$ とおく．これが $SL_2(\mathbf{Z})$ の類似である．

そこで S 上の複素数値関数 f で，すべての $\delta \in \Delta$ に対して

$$f(\delta(z)) = |\lambda_\delta(z)|^m f(z)$$

となるものを考える．ここで $m \in \mathbf{Z}$, z の外に f が S 上のある微分作用素の固有関数であることを仮定する．またテータ関数もこの場合に定義できる．だからかなりの程度まで $SL_2(\mathbf{Z})$ やその合同部分群に関するモジュラー形式の理論に平行する理論が展開できるのであるが「完全に」とは言えない．

$Sp_n(\mathbf{C})$ の場合には (8.1) に定義した H_n のような空間が $M_n(\mathbf{H})$ の部分集合として定義できて，(10.9) や (10.10) に対応する式がある．これについては Siegel の論文などにもあるが，やはり不親切である．[S93] の終りの §6 に詳しく解説しておいたから興味ある読者はそれを見られたい．

11. 代数で何を教えるべきか

　ここで解析をはなれて代数学を見よう．微分積分学やその延長についてはすでに注意したように英独仏に数多くの教科書があって，日本のものはすべてその影響をうけている．代数学はと言うと，面白いことにドイツに多く，ほかには少ない．フランスでは解析教程（Cours d'analyse）が多く，中でも Jordan のものが名著として知られているが，代数学ではほとんどなく，ずっとあとで Bourbaki の中に入れられたぐらいである．もっとも，群の一般論，特に置換群についての Jordan のかなり早い時期の本があるとは思うが．

　これに反してドイツでは代数の教科書がかなりある．そのうち後世に大きな影響を与えたと思われるものとしてH. Weber の Lehrbuch der Algebra I-III がある．ただし第二巻の後半は代数的整数論であり，最後に円分体の類数や超越数が論じられている．第三巻は楕円関数と Jacobiのテータ関数を論じたそのあとに二次体の整数論，それから虚数乗法，虚二次体の上の類体をほとんど完全に（つまり決定的ではなく，誤まりも含めて）論じている．そのあとに代数関数論，Riemann-Roch の定理，Abel 積分ま

でが入っている.

　教科書ではあっても全書的で,しかも彼自身による新らしい結果も含めて,当時最高峰とされた地点まで到達しようという意欲が見られる.日本ではこのような全書的な大著を書こうとした人はほとんどなく,藤原松三郎が何冊か試みたぐらいである.

　今日代数の教科書と言うと,この中の方程式論までを,群,環,体の定義から始めて論ずるのが普通であり,それにいくつかの"おまけ"がついていることが多い.そのうちの代表的なものが

 van der Waerden, Moderne Algebra I, II, Springer

であり,これは Artin の 1926 年の講義を基にして初版が 1930 年,その後何度も改訂版が出て,今では "Moderne" を除いて単に Algebra となっている.

　ここでひとつ日本語の面白い本を注意しておこう.

　　　　正田建次郎　　代数学提要　　共立出版

初版は 1944 年で戦中の困難な時代に何とか出版できたのであって,私は 1945 年戦後すぐに出た再版をその年の 12 月に 4 円 20 銭で買っている.私は旧制高校一年のとき,これで代数学の初歩を学び,少ししてから van der Waerden の I を読んだ.

　この正田の書は 1 頁 21 行,121 頁の小冊子であるが,ともかくまとまっている.演習問題もある.今日このような簡便で小型な書物もあってよいと思う.

　これらの代数の教科書についてはいくつかの問題点があ

る．そのひとつは，van der Waerden の書も正田の書にもある実体の理論である．実数論をやるのではなく，実数体 **R** のような体をより抽象的に代数的に取り扱おうというのであって，これは今日の教科書に入れる必要はない．

それよりも重要な点は，方程式論をいったいどれだけ入れるかということである．「代数方程式を四則と根号だけで解けるか」というのは歴史的に重要な問題であったが，それが一般的にできないことがわかった今日，それをていねいにやる必要があるかというと，そうではないのではないか．Galois 群の概念とか Galois 拡大という言葉を教えるのはよいとして，可解群との関係などしつこくやらなくてもよいような気がする．

たとえば有限群の表現論などは，Galois の理論よりも先に教えられてよいように思う．

ここで歴史的に重要な事実があるのでそれを注意しよう．楕円関数，たとえば sn を取り，m を正の整数，ω を週期とすると $\text{sn}(\omega/m)$ はある代数方程式を満たす．これは $\sin(\pi/m)$ の類似である．そこで $\text{sn}(\omega/m)$ の満たす方程式はどんなものかという問題が生じた．これは Gauss がレムニスケイトの時にしらべたのが最初であるが，それをより一般に，楕円関数が虚数乗法を持つ時，つまり ω が二次の無理数である時には，今日の言葉で Galois 群が可換であり，方程式が四則と根号で解けることを Abel が示した．これが可換群を Abel 群と呼ぶ名前の起りである．

ω が二次の無理数でない時には，Galois が，その方程式の Galois 群が可解でないことを示して，それが四則と根号では解けないことを証明した．これは大きな成果であって，実は，彼はこのような応用を頭において彼の理論を組み立てたのである．だからここにも楕円関数が現れるのであって，そのことは数学史上において無視し得ない事実である．しかしできてしまった以上，Galois 群は，ひとつの（自然で重要な）数学的概念として取り扱うべきであって，方程式を解くための道具と見なしてはならない．

　旧制高校の代数学の教科書には三次方程式や四次方程式の解法が説明されていて，演習問題として，次の三次または四次方程式を解けというのが少なくとも十五題以上あったと思う．私はひとつも解いたおぼえはない．もっとも何次の方程式でも，近似解を求めることはおそらく重要だから，それを簡単に教えるのはよいが，代数的解法にこだわるのは無意味である．何でも昔から教えて来たことを無批判に教えるのは愚劣であるが，鶴亀算や旅人算を教えたように，「それを教えることになっている」と中々やめられなかったし，今でもやめられないのである．

　時代によって考え方が変って来て昔の考え方にこだわるべきではないということである．ここで昔からあった問題の解決に方法を限定しようとする試みがいろいろあった．その代表的なものを書く．

(1) 五次以上の代数方程式を四則と根号の組合せで解ける

か.
(2) 角の三等分が定規とコンパスだけでできるか.
(3) 実数 x 以下の素数の数が $x/\log x$ で近似されるという，いわゆる素数定理を複素解析を使わずに初等的に証明できるか.
(4) 類体論の主要定理がゼータ関数などの解析を使わずに代数的にできるか.

　(1)と(2)は否定的に，(3)と(4)は肯定的に解決された．まず(1)は何となく解けそうな気もするから，これの解決はたしかに意味がある．(2)の方は大いに問題がある．これの解決は易しいが，「定規とコンパス」というのがやはり不自然であり，解決されればそれだけの話である．そしてこの問題はギリシヤ的発想に引きずられたという感じがある．Hilbert の問題の中にはそういうギリシヤ的発想のくびきから完全に解き放たれていなかったと思われるものがある．

　(3)と(4)にはこれらとは別種の問題がある．何かある定理または理論があるとき，それをより簡明にして易しくするのはもちろん意味があるが，(3)や(4)のように「方法の制限」をしようというのは実際的でも有用でもないと思われる．そういう努力のおかげで新らしい方法が生れて，別の問題に適用できるということもないわけではないが，今までの例で見ると，あまり大したものは生まれていないようである．

特に（4）がそうであって，類体論の教科書にはゼータ関数はかなりの程度まで入れた方がよい．もっとも教科書をあまり厚くしないために，重要ではあるが入れられないというのは仕方がない．要するに使えるものは何でも使った方がよいのである．そのひとつの例を定理9.4の証明でやった．

ともあれ角の三等分が定規とコンパスだけで作図できるか，あるいはどんな正多角形が同様に作図できるかというのは歴史的に重要な問題であったが，今日その重要性はうすれてしまって，それらにまったくふれない教科書があっても差しつかえないであろう．そんなことを教えるよりもHamiltonの四元数環の重要性を教えた方がよいと私は思う．もうひとつ初等代数学の書物に入れておいてよいと思う定理を書く．

定理 11.1 (Lüroth の定理)．体 F 上の変数（あるいは文字）x の有理式全体の作る体を $F(x)$ と書き（これは第0章に注意した），$F \subset K \subset F(x), F \neq K$ となる $F(x)$ の部分体 K を取るとき $K = F(y)$ となる $F(x)$ の元 y がある．

これはたとえば van der Waerden の I に証明してある．易しい定理で，代数曲線についての応用もそこに書いてある．角の三等分などは「それができない」それでおしまいであるが，この定理は実際「使える」定理である．これは Weber の Algebra II にも証明されている．van der

Waerden の証明も十分よく整理されていないが，Weber のはそれよりさらに面倒な議論である．本書では附録の §A7 に証明する．さてこの定理の一般化がある．

定理 11.2. 体 F の上の n 個の独立の変数 $x_1, ..., x_n$ の F に係数を持つ有理式全体の作る体を $F(x_1, ..., x_n)$ と書く．$F \subset K \subset F(x_1, ..., x_n)$ となる体 K が F 上超越次数 1 であるとき，適当な K の元 y を取れば $K = F(y)$ と書かれる．

$n = 1$ の時が定理 11.1 である．これは Chevalley が Journ. of Math. Soc. of Japan 6 (1954), 303-324 の中で Lemma 2 として与えたもので，Chevalley の定理と言ってよいと思う．その論文の中で Chevalley は私の与えた証明を使っていて，そのいきさつは別の所に書いた．

この定理の特別な場合になる言明が Lüroth の定理の Weber の証明の次の節に書かれているが，その部分は定理 11.2 で簡易化される．Weber はその節の結果を代数方程式論に応用している．一方 Chevalley は線形代数群の関数体に定理 11.2 を応用しているが，彼は Weber のやったことを意識してはいなかったと思われる．数学の歴史的発展の偶然性がここにもある．

定理 11.2 の応用として次の事実がわかる．たとえば $y^2 = x^3 - 1$ という代数曲線を考えると，1 変数 t の常数でない有理式 $f(t), g(t)$ を取って $g(t)^2 = f(t)^3 - 1$ とすることはできない．これはよく知られているが，定理

11.2を使えば,変数の数をふやしてn変数$t_1,...,t_n$の常数でない有理式$f(t_1,...,t_n), g(t_1,...,t_n)$を考えても$g(t_1,...,t_n)^2=f(t_1,...,t_n)^3-1$とすることはできないことがわかるのである.

有限群の表現論をやるべきだと言った.それを教科書に入れても分量はあまりふえないであろう.ここで有限群と限らず,群の表現についていちおう説明しておこう.

群Gの体F上の**表現**(representation)とは準同型写像$r: G \to GL_d(F)$のことである.ここでGは有限であってもなくてもよく,dをrの**次数**(degree)と呼ぶ.もうひとつの表現$r': G \to GL_{d'}(F)$があるとき,$d=d'$であり,$r'(g)=Tr(g)T^{-1}$がすべての$g \in G$に対して成り立つような$T \in GL_d(F)$があるとき,rとr'はF上で**同値**(equivalent)であると言う.このように群の表現は体Fの取り方によるが,ここでは簡単のためにFとして$\mathbf{C}$を取ることにする.

ふたつの表現$r_i: G \to GL_{d_i}(\mathbf{C})$, $i=1,2,$ に対して,

$$r'(g) = \mathrm{diag}[r_1(g), r_2(g)] \quad (g \in \mathbf{C})$$

とおけば,$r': G \to GL_{d_1+d_2}(\mathbf{C})$は表現であるが,与えられた表現$r: G \to GL_d(\mathbf{C})$がこのような表現に同値であるとき(もちろん$d_1>0, d_2>0$とする),$r$は**可約**(reducible)であると言う.可約でない表現は**既約**(irreducible)であると言う.与えられた表現rに対して既約表現$r_1,...,r_m$ $(m \geq 1)$があって,rが表現

$$r'(g) = \mathrm{diag}[r_1(g), ..., r_m(g)]$$

に同値であるとき，r は**完全可約**（completely reducible）であると言って，$r_1, ..., r_m$ をその**既約成分**（irreducible constituents）と呼ぶ．多くの重要な群の表現は完全可約になる．たとえば G が有限ならそうである．

表現論の起原がどこにあるかというと，有限群の場合，Frobenius の 1896-99 年あたりの研究で完成されたがそれより早く Lie 群の場合に 1894 年の E. Cartan の変換群に関する学位論文がある．

起原はともかく，ひとつ注意しておくと，表現論は群の構造をしらべるためのものではなく，表現そのものが問題なのである．仮に群 G を出発点に取ったとしても，表現 $r: G \to GL_d(\mathbf{C})$ があれば，$GL_d(\mathbf{C})$ はベクトル空間 $\mathbf{C}^d$ に作用し，だから G は r を通じて $\mathbf{C}^d$ に作用している．さらに $\mathbf{C}^d$ 上の関数（たとえば次数をきめて，その次数以下の $\mathbf{C}^d$ 上の多項式関数）にも作用している．そういう群が何かに「作用」している．その作用を研究する必要があるのである．たとえば G の表現 r_1, r_2, r_3 があってすべて 1 対 1，つまり同型写像とする．$G_i = r_i(G)$ とおけば G_i はある次数の行列の群であるが，G, G_1, G_2, G_3 は抽象的な群としてはすべて同型であるが，行列の群としては異なっている．しかしそのうちどれかひとつが本物で，他がそれの影であるなどと言うことはできない．

別の例として第 4 章で考えた写像 $SU(2) \to SO(T)$ を

考えよう．これは群 $SU(2)$ の 3 次の表現であり，同型写像ではなく，2 対 1 である．しかし $SU(2)$ がこの写像を通じて（この場合 $\mathbf{C}^3$ ではなく）T に作用していて，それが自然なものであることは明らかである．ここで直交群 $SO(T)$（実は何次の直交群でもよいのだが）から出発すれば，逆向きに $G \to SO(T)$ となる G を求めようという考え方も生ずる．理論を Lie 群とか Lie 環で展開すると，どうしてもそうなるのである．

ここではそういう一般論はやめて，$GL_n(\mathbf{C})$ の表現だけを考えよう．ただし $r: GL_n(\mathbf{C}) \to GL_d(\mathbf{C})$ で $g \in GL_n(\mathbf{C})$ に対し，$r(g)$ の成分が g の成分の複素係数の有理式になるものに限る．そういう r を $GL_n(\mathbf{C})$ の**有理表現**（rational representation）と呼ぶ．これの特別な場合として，もし $r(g)$ の成分が g の成分の複素係数の多項式であるとき r を**多項式表現**（polynomial representation）と呼ぶ．$m \in \mathbf{Z}$ を定めて $r(g) = \det(g)^m$ とおけば，これは有理表現であり，$m \geq 0$ ならば多項式表現である．ここでひとつの記号を導入する．$r: G \to GL_d(\mathbf{C})$ と $s: G \to GL_e(\mathbf{C})$ というふたつの G の表現に対してそのテンソル積 $r \otimes s$ を

$$r \otimes s: G \to GL(\mathbf{C}^d \otimes \mathbf{C}^e), \quad (r \otimes s)(g) = r(g) \otimes s(g)$$

で定義する．ここで $r(g) \otimes s(g)$ を行列で具体的に定義してもよいし，座標なしでテンソル積 $\mathbf{C}^d \otimes \mathbf{C}^e$ を考えて，その空間の線形変換として定義してもよい．いずれにせよ

$r \otimes s$ の次数は de である.

さて $GL_n(\mathbf{C})$ の有理表現 r について次の (I, II, III) が成り立つ.

(I) r は完全可約である.

(II) 適当に正の整数 m を取り $r'(x) = \det(x)^m r(x)$ とすれば r' は多項式表現になる.

(III) $\varepsilon : GL_n(\mathbf{C}) \to GL_n(\mathbf{C})$ を $\varepsilon(x) = x$ とし, $\varepsilon^{(k)} = \varepsilon \otimes \cdots \otimes \varepsilon$ (k 個のテンソル積, $0 \leq k \in \mathbf{Z}$) とおく. $\varepsilon^{(k)}$ は $GL_n(\mathbf{C})$ の n^k 次の表現である. さて $GL_n(\mathbf{C})$ の既約な多項式表現は, 適当な k について, $\varepsilon^{(k)}$ の既約成分になる.

なお $GL_n(\mathbf{C})$ の既約多項式表現をもっと具体的に提出することもできるが, ここでは以上にとどめる. ($n=2$ のときは定理 A8.1 に与える.) これらの結果は Lie 群の表現論の特別な場合として証明することもできるが, $\mathbf{Q}$ を含む体 F を考え, $GL_n(F)$ の F 上の有理表現や多項式表現を同様に定義して, 同様な結果が得られる. それは「周知」であるが, ちょっとよい参考書が思い浮かばない. 定理 2.10 で $F = \mathbf{C}$ とすれば $GL_n(\mathbf{C})$ の次数 1 の多項式表現に関する言明となる.

ここで注意すべきは $GL_n(\mathbf{C})$ の表現というのは自然に現われるのであって, それに関する結果は「使える」ものなのである.

群 G の上の意味での $GL_d(\mathbf{C})$ での表現の外にユニタ

リー表現というのがあり，今日研究者の間で表現論と言えばこのユニタリー表現のことである．Hを$\mathbf{C}$上のHilbert空間として，それの$\mathbf{C}$上線形自己同型でHにおける内積を変えないものをHのユニタリー変換と呼びそれを$\mathrm{Aut}(H)$とする．Hはある測度空間(X,μ)を取って$H=L^2(X)$とすることが多い．さてLie群Gのユニタリー表現とは$G\to \mathrm{Aut}(H)$の準同型写像で，ある連続性を持つものである．Lie群の代りにLie環の方で考える場合もある．

本書でもすでにユニタリー表現をひとつ出した．それは（10.4）のr_Pであって$Mp(\mathbf{R})\subset \mathrm{Aut}(L^2(\mathbf{R}))$であるから確かに$r_P$は$P$のユニタリー表現である．だからユニタリー表現はテータ関数のような身近にあるものに結びつくのである．

附　録

A1. 行列の指数関数

第 2 章の (2.5) で行列 X に対して定義した $\exp(X)$ について説明する．まずその無限級数の収束であるが，すべて $M_n(\mathbf{C})$ という $\mathbf{R}$ 上 $2n^2$ 次元の空間の中の収束である．$\alpha = [a_{jk}] \in M_n(\mathbf{C})$ として $0 < p \in \mathbf{Z}$ に対して $\alpha^p = [a_{jk}^{(p)}]$ とおく．$\alpha^0 = 1$ とする．α を固定して，すべての (j,k) に対して $|a_{jk}| \leq M$ となる正の実数 M を取る．このとき $|a_{jk}^{(p)}| \leq (nM)^p$ となることを証明しよう．$p = 0, 1$ のときはよい．いま p について正しいとして $p+1$ のときを考えると

$$|a_{jh}^{(p+1)}| = \left|\sum_{k=1}^n a_{jk}^{(p)} a_{kh}\right| \leq \sum_{k=1}^n |a_{jk}^{(p)}||a_{kh}|$$
$$\leq n(nM)^p M = (nM)^{p+1}$$

となり帰納法で求める結果を得る．そこで $\exp(\alpha)$ の (j,k)-成分の絶対値は

$$\sum_{p=0}^\infty \frac{1}{p!} |a_{jk}^{(p)}| \leq \sum_{p=0}^\infty \frac{1}{p!} (nM)^p = e^{nM}$$

以下であり，だから $|a_{jk}| \leq M$ という α の集合で $\exp(\alpha)$ の級数は一様収束して，$\exp(\alpha)$ が定まる．次に

$$\alpha\beta = \beta\alpha \implies \exp(\alpha+\beta) = \exp(\alpha)\exp(\beta)$$

を証明しよう. $\alpha\beta = \beta\alpha$ ならば

$$(\alpha+\beta)^p = \sum_{q+r=p,\, q\geq 0,\, r\geq 0} \frac{p!}{q!r!}\alpha^q\beta^r$$

となるから

$$(\text{A1.1}) \quad \sum_{p=0}^{2N}\frac{1}{p!}(\alpha+\beta)^p = \sum_{p=0}^{2N}\sum_{q+r=p}\frac{\alpha^q}{q!}\frac{\beta^r}{r!}$$
$$= \Big(\sum_{q=0}^{N}\frac{\alpha^q}{q!}\Big)\Big(\sum_{r=0}^{N}\frac{\beta^r}{r!}\Big) + R_N,$$
$$R_N = \sum_{(q,r)\in S_N}\frac{\alpha^q}{q!}\frac{\beta^r}{r!}$$

と書くことができる. ここで S_N は $q+r \leq 2N$ かつ $\mathrm{Max}(q,r) > N$ となる (q,r) の集合で, そのような (q,r) は $N(N+1)$ 個ある. $\alpha = [a_{ij}], \beta = [b_{ij}]$ として $|a_{ij}| \leq M, |b_{ij}| \leq M$ となる M を取ると

$$\big|(\alpha^q\beta^r)_{ij}\big| \leq n(nM)^q(nM)^r = n^{q+r+1}M^{q+r}$$

であるから

$$\big|(R_N)_{ij}\big| \leq N(N+1)\cdot\frac{n^{q+r+1}M^{q+r}}{q!r!}$$
$$\leq N(N+1)n^{2N+1}M^{2N}/N!$$

となり, これは $N \to \infty$ のとき 0 に収束するから (A1.1) で $N \to \infty$ として $\exp(\alpha+\beta) = \exp(\alpha)\exp(\beta)$ を得る.

ここで $\beta = -\alpha$ とすれば $1 = \exp(0) = \exp(\alpha - \alpha) = \exp(\alpha) \exp(-\alpha)$, 故に

(A1.2) $$\exp(-\alpha) = \exp(\alpha)^{-1}$$

である. $0 < m \in \mathbf{Z}$ ならば $\exp(m\alpha) = \exp(\alpha + \cdots + \alpha) = \exp(\alpha)^m$. これと (A1.2) を組み合せて $\exp(m\alpha) = \exp(\alpha)^m$ がすべての $m \in \mathbf{Z}$ について成り立つことがわかる.

(A1.3) $\gamma \in GL_n(\mathbf{C}) \Longrightarrow \exp(\gamma \alpha \gamma^{-1}) = \gamma \cdot \exp(\alpha) \gamma^{-1}$.

これは練習問題としてよいだろう.

$\exp({}^t\alpha) = {}^t\exp(\alpha)$, $\exp(\overline{\alpha}) = \overline{\exp(\alpha)}$ は明らかで, 従って $\exp(\alpha^*) = \exp(\alpha)^*$ となる. だから α が Hermite ならば $\exp(\alpha)$ も Hermite である. 次に

(A1.4) α の固有値が $\lambda_1, ..., \lambda_n$
$\Longrightarrow \exp(\alpha)$ の固有値は $e^{\lambda_1}, ..., e^{\lambda_n}$.

これを証明するには, $\alpha \in M_n(\mathbf{C})$ に対して $\gamma \in GL_n(\mathbf{C})$ を適当に取って, $\gamma \alpha \gamma^{-1}$ が上半三角行列で対角成分が $\lambda_1, ..., \lambda_n$ となるようにする. これは α の Jordan 標準形がそうなっているからそのような γ がある. $0 \leq p \in \mathbf{Z}$ に対して $(\gamma \alpha \gamma^{-1})^p$ は上半三角行列で, その対角成分は $\lambda_1^p, ..., \lambda_n^p$ となる. だから
$$\exp(\gamma \alpha \gamma^{-1}) = \sum_{p=0}^{\infty} (\gamma \alpha \gamma^{-1})^p / p!$$

も上半三角行列でその対角成分は $\sum_{p=0}^{\infty} \lambda_\nu^p/p! = e^{\lambda_\nu}$ ($1 \leq \nu \leq n$) となり $\exp(\gamma\alpha\gamma^{-1})$ の固有値が $e^{\lambda_1},...,e^{\lambda_n}$ であることがわかる.これと(A1.3)を組み合わせて(A1.4)を得る.次に

(A1.5) $\qquad \det[\exp(\alpha)] = e^{\mathrm{tr}(\alpha)}$

を注意する.これは $\det[\exp(\alpha)] = \prod_{\nu=1}^{n} e^{\lambda_\nu}$ で $\mathrm{tr}(\alpha) = \sum_{\nu=1}^{n} \lambda_\nu$ であるからすぐわかる.

$\alpha = \alpha^*$ の場合に戻ると定理2.1により $\gamma\alpha\gamma^{-1} = \mathrm{diag}[\lambda_1,...,\lambda_n]$ となるユニタリー行列 γ がある.そこで $\gamma \cdot \exp(\alpha)\gamma^{-1} = \mathrm{diag}[e^{\lambda_1},...,e^{\lambda_n}]$ となり,$e^{\lambda_\nu} > 0$ であるから,定理2.2により $\exp(\alpha)$ が正値定符号であることがわかり,従って次の事実が成り立つ.

(A1.6) $\alpha = \alpha^*$ ならば $\exp(\alpha)$ は正値定符号のHermite行列である.

A2. $SL_2(\mathbf{Z})$ の生成元

$SL_2(\mathbf{Z})$ が (7.8) の元 ι と ε で生成されることを証明する. $\gamma = \begin{bmatrix} a & b \\ c & d \end{bmatrix} \in SL_2(\mathbf{Z})$ として, γ に $\iota^{\pm 1}$ と $\varepsilon^{\pm 1}$ を左右から逐次掛けて, $\mathrm{Min}(|a|, |c|)$ を小さいものにしていく. $c = 0$ ならば $\gamma = \pm \begin{bmatrix} 1 & x \\ 0 & 1 \end{bmatrix}$ の形になり, $\iota^2 = -1, \varepsilon^x = \begin{bmatrix} 1 & x \\ 0 & 1 \end{bmatrix}$ となるからそれでよい. また $\gamma \mapsto \iota\gamma$ は $|a|$ と $|c|$ を交換するから $a = 0$ の場合もよい. さて $ac \neq 0$ とする. $|a|$ と $|c|$ は交換できるから $|a| \geqq |c| > 0$ と仮定してよい. また $\iota^2 = -1$ を掛ければ, $c > 0$ としてよい. 次に, a を c の倍数でずらして区間 $[0, c)$ に入れることができる. つまり, $m \in \mathbf{Z}$ を適当にえらんで $0 \leqq a + mc < c$ とすることができる. $\varepsilon^m = \begin{bmatrix} 1 & m \\ 0 & 1 \end{bmatrix}$ で, しかも

$$\varepsilon^m \gamma = \begin{bmatrix} a + mc & b + md \\ c & d \end{bmatrix}.$$

これを $\begin{bmatrix} a' & b' \\ c & d \end{bmatrix}$ とおくと $0 \leqq a' < c$ で $\mathrm{Min}(|a'|, |c|) = a' < c$ で $\mathrm{Min}(|a|, |c|)$ を小さくすることができた. これを繰返せば結局 $a = 0$ または $c = 0$ の場合に帰着するからそれでよい. (証終)

A3. 定理 7.1 の証明

少し拡張した次の形にする. わかりにくければ $X=\mathbf{R}$ として p, q はそこの連続関数としてよい.

定理 A3.1. (X, μ) を測度空間とし, p と q を X で定義された実数値可測関数で, すべての $x \in X$ に対し $p(x) \geq 0, q(x) \geq t > 0$ となる t があるとする. いま実数 b について $\{s \in \mathbf{C} \mid \mathrm{Re}(s) > b\} \subset D$ かつ $b \in D$ となる $\mathbf{C}$ 内の連結開集合 D において正則な関数 f があって

$$(\mathrm{A3.1}) \qquad f(s) = \int_X p(x) q(x)^{-s} d\mu(x)$$

が $\mathrm{Re}(s) > b$ で成り立つとする. ただし $p(x)q(x)^{-s}$ は $(x, s) \in X \times D$ の関数として $X \times D$ で可測であるとする. このとき $|pq^{-s}|$ はある $a < b$ となる a について $\mathrm{Re}(s) > a$ に対して X 上で積分可能である.

証明. q を $t^{-1}q$ にしてみれば $t=1$ としてよいことがわかる. また p を pq^{-b} に取り替えて, $b=0$ としてよい. 円 $\gamma: |z - s_0| = r$ が $\{z \in \mathbf{C} \mid \mathrm{Re}(z) > 0\}$ の中にあるように $r > 0$ を取ると $|s - s_0| < r/2$ であるとき

$$\begin{aligned}
f^{(m)}(s) &= \frac{m!}{2\pi i} \int_\gamma \frac{f(z)}{(z-s)^{m+1}} dz \\
&= \frac{m!}{2\pi i} \int_\gamma \int_X \frac{p(x)q(x)^{-z}}{(z-s)^{m+1}} d\mu(x) dz
\end{aligned}$$

となる. ここで定理 9.1 (Fubini-Tonelli) によって積分

の順序を変えて
$$f^{(m)}(s) = \int_X p(x) \frac{m!}{2\pi i} \int_\gamma \frac{q(x)^{-z}}{(z-s)^{m+1}} dz d\mu(x)$$
$$= \int_X p(x) q(x)^{-s} (-\log q(x))^m d\mu(x).$$

この最初の $f^{(m)}(s)$ の式は (6.8a) から出る公式でどんな複素解析の教科書にもある．そこで特に $f(z) = q(x)^{-z}$ とすれば $f(z) = \exp[-z\log q(x)]$ であるから $f^{(m)}(z) = [-\log q(x)]^m f(z)$ で $f^{(m)}(s)$ の式により

$$\frac{m!}{2\pi i} \int_\gamma \frac{q(x)^{-z}}{(z-s)^{m+1}} dz = q(x)^{-s}[-\log q(x)]^m$$

となる．これを使って最後の $\int_X \cdots d\mu(x)$ の式を得るのである．つまり (A3.1) に $(d/ds)^m$ を作用させるのに $\int_X$ の中でやってよいということである．f は D で正則で $0 \in D$ だから f は 0 で正則かつ $\mathrm{Re}(s) > 0$ で正則である．従って $s = 1$ を中心として半径が 1 よりやや大きい円板内で f は正則になる．そこで f の $s = 1$ での整級数展開を考えるとそれはある（0 に近い）負の数 t で収束する．それ故

$$f(t) = \sum_{m=0}^\infty \frac{(t-1)^m}{m!} f^{(m)}(1)$$
$$= \sum_{m=0}^\infty \frac{(1-t)^m}{m!} \int_X pq^{-1}(\log q)^m d\mu(x).$$

ところで $q \geq 1, p \geq 0, 1-t > 0$ だから，右辺の和の各項は ≥ 0．それ故 $\sum$ と $\int$ の順序を変えて

$$f(t) = \int_X pq^{-1} \sum_{m=0}^{\infty} \frac{(1-t)^m}{m!} (\log q)^m d\mu(x)$$
$$= \int_X pq^{-1} q^{1-t} d\mu(x)$$

となり，これで pq^{-t} が積分可能であることがわかった．(証終)

この定理で $X = \{n \in \mathbf{Z} \,|\, n > 0\}$, $p(x)$ を a_n, $q(x)$ を n とすると $f(s) = \int_X p(x) q(x)^{-s} dx = \sum_{n=1}^{\infty} a_n n^{-s}$ となる．$p(x) \geqq 0$ という条件は $a_n \geqq 0$ となる．この Dirichlet 級数が $\mathrm{Re}(s) > b$ で収束し $\mathrm{Re}(s) < b$ では収束しないとき $\mathrm{Re}(s) = b$ を収束境界軸と言う．そのとき f は $\mathrm{Re}(s) > b$ での正則関数である．定理 A3.1 によれば，もし f が $s = b$ で正則ならば $a < b$ となる a に対して $\sum a_n n^{-s}$ が $\mathrm{Re}(s) > a$ で収束することになり矛盾である．だから f は b で正則な関数には延長できない．それが定理 7.1 である．

定理 A3.1 は定理 7.1 の拡張のための拡張ではなく，実際的な応用がある．なお，条件 $q(x) \geqq t > 0$ は単に $q(x) > 0$ でよいこともわかるが，それは演習問題としておく．

A4. 定理 5.2 の証明

V と φ を第 5 章のようにとる. V は体 F ($F=\mathbf{R}$ でもよいが, ここでは一般の体にする) 上 n 次元の線形空間, φ はそこでの二次形式でそれを表わす対称行列の行列式は 0 でないとする.

さて定理 5.2 の証明であるが, $n=1$ ならば $O(\varphi)=\{\pm 1\}$ であり, -1 は対称であるからそれでよい. 一般の n の場合を n に関する帰納法で証明する. $n>1$ として $y \in V$ を $\varphi[y] \neq 0$ となるように取り W を (5.11a) で定める. $O(\varphi)$ の元 α を取る.

(場合 I) $\alpha y = y$ とする. このとき $\alpha W = W$ となる. α を W に制限したものを β と書き φ を W に制限したものを ψ と書けば, $\beta \in O(\psi)$ となり帰納法の仮定を $O(\psi)$ に適用すれば W の対称 $\gamma_1, \ldots, \gamma_m$ があって $\beta = \gamma_1 \cdots \gamma_m$ となる. γ_i を $O(\varphi)$ の元 δ_i に延長して $\delta_i y = \delta_i$ とすれば δ_i は V における対称であって $\alpha = \delta_1 \cdots \delta_m$ となるからこの場合は証明された.

(場合 II) $\alpha y = -y$ とする. $\varepsilon = -\tau(y)$ とおくと, 定理 5.1 によりこれは対称であって $\varepsilon \alpha y = y$ となる. だから場合 I の結果を $\varepsilon \alpha$ に適用すれば求める結果が α に対して得られる.

(一般の場合) $\alpha y = u$ とおくと $u^2 = \varphi[\alpha y] = \varphi[y] = y^2$ である. $0 \neq 4y^2 = (y+u)^2 + (y-u)^2$ だから $(y+u)^2 \neq 0$ または $(y-u)^2 \neq 0$. まず $(y+u)^2 \neq 0$ として $x=$

$y+u, \xi=-\tau(x)$ とおくと, $-xu-ux=(u-x)^2-u^2-x^2=y^2-u^2-x^2=-x^2$. それ故

$$\xi\alpha y = \xi u = -xux^{-1} = (ux-x^2)x^{-1} = u-x = -y.$$

そこで場合IIの結果を $\xi\alpha$ に適用すれば, ξ は対称だから α について望む結果を得る.

次に $(y-u)^2 \neq 0$ ならば $v=y-u, \eta=-\tau(v)$ とおく. $vu+uv=(u+v)^2-u^2-v^2=y^2-u^2-v^2=-v^2$ となり, $\eta\alpha y = \eta u = -vuv^{-1} = (uv+v^2)v^{-1} = u+v = y$. そこで場合Iの結果を $\eta\alpha$ に適用することができて, η は対称であるからそれで証明が完成する. (証終)

A5. Riemann のテータ級数の収束

級数 (8.3) の収束を証明する．$\alpha \in \mathbf{C}$ に対して $|\exp(\alpha)| = \exp(\mathrm{Re}(\alpha))$ であるから，

$$\left|\mathbf{e}(2^{-1} \cdot {}^t gzg + {}^t g(u+s))\right|$$
$$= \left|\exp(\pi i \cdot {}^t gzg + 2\pi i \cdot {}^t g(u+s))\right| = \exp(X),$$
$$X = \mathrm{Re}(\pi i \cdot {}^t gzg + 2\pi i \cdot {}^t g(u+s))$$

となる．$\mathrm{Im}(z) = y, g = h+r, h \in \mathbf{Z}^n$ とおけば

$$X = -\pi \cdot {}^t(h+r)y(h+r) - 2\pi \cdot {}^t(h+r)\mathrm{Im}(u)$$

である．いま $\mathbf{C}^n, H_n$ の有界集合 U, Z を取ると，$r, s \in \mathbf{R}^n$ を固定して $u \in U, z \in Z$ とするとき，

$$X = -\pi \cdot {}^t hyh + {}^t hv + w$$

となる $v \in \mathbf{R}^n, w \in \mathbf{R}$ がある．ここで v と w をある有界集合（r, s, U, Z によって定まるもの）の中にあるとしてよい．

対称行列 y の最小の固有値を λ とすれば，$z \in H_n$ だから $\lambda > 0$ であり，$\pi \cdot {}^t hyh \geqq \lambda \cdot {}^t hh$ となる．そこで (8.3) の級数に戻ると

$$\sum_{g-r \in \mathbf{Z}^n} \left|\mathbf{e}(2^{-1} \cdot {}^t gzg + {}^t g(u+s))\right|$$
$$\leqq \sum_{h \in \mathbf{Z}^n} \exp(-\lambda \cdot {}^t hh + {}^t hv + w)$$

$$= e^w \prod_{j=1}^{n} \sum_{k \in \mathbf{Z}} \exp(-\lambda k^2 + k v_j).$$

最後の $k \in \mathbf{Z}$ に関する和は明らかに収束して，これで (8.3) の級数が $u \in U, z \in Z$ について一様絶対収束することがわかり，$\theta(u, z; r, s)$ が $(u, z) \in \mathbf{C}^n \times H_n$ の正則関数になる．

A6. Mellin 変換

Fourier 変換はある関数 f に対して (9.5) の積分によって関数 $\hat{f}$ を対応させる．同様にある関数 $K(x,y)$ を取り

$$g(y) = \int_a^b K(x,y)f(x)dx$$

の形で f に g を対応させる作用を**積分変換**（integral transform）と言う．f, g 共に同じ区間で定義されている場合もあるが，次に書く Mellin 変換のように違っている場合もある．

この変換の種類は多い．なぜそのような変換を考えるかというと，f の方である作用を加えると，g の方では別の形の作用になって，そのことが種々の問題，たとえば微分方程式，に役に立つという利点があるからである．

ここではそこに深入りせず，一例として Mellin 変換と呼ばれる型のものについてごく基本的なことだけ書く．まず次の事実に注意する．

(A6.1) $\quad G(s) = \int_0^\infty F(x) x^{s-1} dx$
$$\Longleftrightarrow F(x) = \frac{1}{2\pi i} \int_{\sigma-i\infty}^{\sigma+i\infty} G(s) x^{-s} ds.$$

ここで $s \in \mathbf{C}, x \in \mathbf{R}, \sigma \in \mathbf{R}$．つまり左側の積分で実変数 x の関数 F に対して複素変数 s の関数 G を対応させる．これを **Mellin 変換**と呼ぶ．そのとき F が G から右の積

分で得られる．積分路は複素平面の y-軸に平行な直線 $\mathrm{Re}(s) = \sigma$ を下から上に向けてのものである．この右側を **Mellin 反転公式**（Mellin inversion formula）と言う．

これは実は Fourier 変換にある変数の代入で得られるものなのである．それを見るために

$$\sigma = 2\pi c, s = \sigma + 2\pi it = 2\pi(c+it), x = e^u,$$
$$f_c(u) = e^{2\pi cu} F(e^u), g_c(t) = G(2\pi(c+it))$$

とおくと

$$G(s) = \int_0^\infty F(x) x^{s-1} dx \iff g_c(t) = \int_{\mathbf{R}} f_c(u) e^{2\pi itu} du,$$

$$F(x) = \frac{1}{2\pi i} \int_{\sigma-i\infty}^{\sigma+i\infty} G(s) x^{-s} ds$$
$$\iff f_c(u) = \int_{\mathbf{R}} g_c(t) e^{-2\pi itu} dt$$

であることが形式的な計算で容易に確かめられる．最下行は f_c が g_c の Fourier 変換であって，そうならば (9.6) によって第 1 行の右側が成り立つ．だから (A6.1) の $\Longleftarrow$ が成り立つ．$\Longrightarrow$ も同様である．ただし，正確には $f_c \in L^1(\mathbf{R}), g_c \in L^1(\mathbf{R})$ という条件が必要である．だから (A6.1) のふたつの積分が絶対収束するという条件が必要である．簡単のために関数は連続としておいてよい．

この反転公式から

(A6.2) $\quad e^{-x} = \dfrac{1}{2\pi i} \displaystyle\int_{\sigma-i\infty}^{\sigma+i\infty} \Gamma(s) x^{-s} ds \quad (\sigma > 0, x > 0)$

が得られる．これを得るにはまず

$$\Gamma(s) = \int_0^\infty e^{-x} x^{s-1} dx \quad (\mathrm{Re}(s) > 0)$$

を思い出す．これはどこにも書いてある式である．これに (A6.1) を適用すれば (A6.2) が得られる．(A6.2) の積分の収束には $|t| \to \infty$ のとき

$$\left|\Gamma(\sigma+it)\right| \cdot \left[\sqrt{2\pi}|t|^{\sigma-1/2} e^{-\sigma-\pi|t|/2}\right]^{-1} \longrightarrow 1$$

であることを使えばよい．これは Γ の評価に関する Stirling の公式から出る．それはたいていの複素解析の教科書に書いてある．

Mellin 変換の典型的な例をひとつ書く．$F(x) = \sum_{n=1}^\infty a_n e^{-nx}$ とすると

$$\int_0^\infty F(x) x^{s-1} dx = \sum_{n=1}^\infty a_n \int_0^\infty e^{-nx} x^{s-1} dx$$
$$= \Gamma(s) \sum_{n=1}^\infty a_n n^{-s}$$

となる．つまり Mellin 変換は $F(x)$ のような e^{-x} の整級数に Dirichlet 級数 $\sum_{n=1}^\infty a_n n^{-s}$（掛ける $\Gamma(s)$）を対応させるのである．これは Hecke がモジュラー形式や保型形式に適用した手法である．

A7. Lürothの定理の証明

最初に多項式について復習しておく．1変数 x の F に係数を持つ多項式全体を $F[x]$ と書き，x の F 係数の有理式の全体を $F(x)$ と書く．もうひとつ独立な変数 z を取り F に係数を持つ x, z の多項式を考えることができる．それは $\sum_{i=1}^{m} \sum_{j=1}^{n} a_{ij} x^i z^j$ のような式である．ここで $a_{ij} \in F$．これは $\sum_{j=1}^{n} a_j(x) z^j$ とも，また $\sum_{i=1}^{m} b_i(z) x^i$ とも書くことができる．ここで $a_j(x) \in F[x], b_i(z) \in F[z]$．そのような x, z の F に係数を持つ多項式全体を $F[x, z]$ と書く．これは環である．

$M = F(x)$ とし，0 でない $M[z]$ の元 $g_0(z)$ を取ると，次数が k ならば

$$g_0(z) = d_0 z^k + d_1 z^{k-1} + \cdots + d_k, \ d_i \in M, d_0 \neq 0$$

と書かれる．各 d_i は M の元で $F[x]$ の多項式の商である．その分母の公倍多項式 $b(x)$ を取ると

$$b(x) g_0(z) = b_0(x) z^k + b_1(x) z^{k-1} + \cdots + b_k(x)$$

となる $F[x]$ の元 $b_0, \ldots, b_k$ がある．この $b_0, \ldots, b_k$ の公約多項式があれば，それで右辺を割ることができる．それと左辺の b とを比較して簡約すれば，結局

(A7.1a) $\qquad \beta(x) g_0(z) = \gamma(x) g(x, z),$

(A7.1b) $\qquad g(x, z) = \delta_0(x) z^k + \cdots + \delta_k(x)$

となる $F[x]$ の元 $\beta, \gamma, \delta_0, ..., \delta_k$ がある.ここで β と γ とは互に素であり,また $\delta_0, ..., \delta_k$ は F の元以外の公約多項式を持たない.一般にそのような多項式 $g(x, z)$ を x-原始と呼ぶ.

補助定理. $F[x, z]$ の x-原始であるふたつの多項式の積は x-原始である.

これはたいていの代数の教科書に(これより一般化された形で)ある.

Lüroth の定理の証明. 定理にあるように $F \subset K \subset F(x), F \neq K$ となる体 K を取る.x とは独立な変数 z を取る.さて F に属さない K の元 u を取ると $u = d(x)/e(x), d, e \in F[x]$ となる.そこで $ue(z) - d(z)$ を考えるとこれは $K[z]$ の元であり,$z = x$ で 0 となる.d, e のどちらか一方は常数でないから,つまり x が K 上の 1 次以上の方程式の根となる.だからよく知られた定理によって

(A7.2) $\quad \{f \in K[z] \mid f(x) = 0\} = K[z]f_0(z)$

となる $K[z]$ の既約元 f_0 がある.f_0 を n 次として

$$f_0(z) = z^n + c_1 z^{n-1} + \cdots + c_n, \quad c_i \in K$$

とおくと $[F(x):K] = n$ である.$c_i \in F(x)$ だからそれぞれを $F[x]$ の元の商として書き,分母の公倍多項式 $\alpha_0(x)$ を $f_0(z)$ に掛けると

$$\alpha_0(x)f_0(z) = \alpha_0(x)z^n + \alpha_1(x)z^{n-1} + \cdots + \alpha_n(x)$$

となる $F[x]$ の元 $\alpha_1(x), ..., \alpha_n(x)$ がある．ここで $\alpha_0, \alpha_1, ..., \alpha_n$ の適当な公約多項式で割って，はじめから $\alpha_0, \alpha_1, ..., \alpha_n$ は常数以外の公約多項式を持たないとしてよい．そこで

$$f(x,z) = \alpha_0(x)z^n + \alpha_1(x)z^{n-1} + \cdots + \alpha_n(x)$$

とおくと，これは x-原始である．これは上の g_0 として f_0 を取った場合であるが，$f_0(z)$ の最高次の係数が 1 であるから $f(x,z) = \alpha_0(x)f_0(z)$ である．ここで $f(x,z)$ の x の多項式としての次数を m とすると $\alpha_0, \alpha_1, ..., \alpha_n$ の次数の最高が m である．($i \neq j$ なら $\alpha_i(x)z^{n-i}$ と $\alpha_j(x)z^{n-j}$ の項が互に消去することはないから．)

さて $\alpha_i(x)/\alpha_0(x) = c_i$ でその中に F に属さないものがある．(すべての c_i が F に属すれば，$f_0(x) = 0$ だから，変数 x が F 上代数的になってしまう．) そういう c_i をひとつ取ってそれを y とすれば $y = \alpha_i(x)/\alpha_0(x) \in K$ である．そのとき $y\alpha_0(z) - \alpha_i(z)$ は $K[z]$ の元で x を根に持つから (A7.2) により $y\alpha_0(z) - \alpha_i(z) = g_0(z)f_0(z)$ となる $K[z]$ の元 g_0 がある．この g_0 に対し (A7.1a,b) が成り立つような $\beta(x)$ と $\gamma(x)$ を取れば

$$\beta(x)[\alpha_i(x)\alpha_0(z) - \alpha_0(x)\alpha_i(z)]$$
$$= \beta(x)\alpha_0(x)[y\alpha_0(z) - \alpha_i(z)]$$

$$= \beta(x)\alpha_0(x)g_0(z)f_0(z) = \gamma(x)g(x,z)f(x,z)$$

となる．右辺の g と f は x-原始だから補助定理によりその積は x-原始である．ところが β と γ とは互に素であるから $\beta(x)$ が x-原始である $g(x,z)f(x,z)$ を割ることになり $\beta(x)$ は常数である．$\beta^{-1}\gamma(x)g(x,z) = h(x,z)$ と書いて

$$\alpha_i(x)\alpha_0(z) - \alpha_0(x)\alpha_i(z) = h(x,z)f(x,z)$$

となる．ここで左辺は x について m 次以下，右辺は m 次以上あるから左辺は m 次で，$h(x,z)$ は x を含まず，それを $h(z)$ と書けば

(A7.3) $\quad \alpha_i(x)\alpha_0(z) - \alpha_0(x)\alpha_i(z) = h(z)f(x,z)$

となる．これも x-原始である．ここで z と x を交換すれば左辺は -1 倍されるがやはり x-原始であり，それが $h(x)f(z,x)$ となるから h は常数でなければならない．(A7.3)で z に関する両辺の次数を比較すれば $m = n$ となる．ところで x は $\alpha_0(z)y - \alpha_i(z) = 0$ という $F(y)$ 上の方程式の根で，この方程式の次数は $m = n$ だから $[F(x) : F(y)] = n$ であり，一方 $[F(x) : K] = n$ で $F(y) \subset K$ であるから $K = F(y)$ となる．（証終）

A8. $GL_2(\mathbf{C})$ の表現とその応用

$0 \leq n \in \mathbf{Z}$ と $\begin{bmatrix} u \\ v \end{bmatrix} \in \mathbf{C}^2$ に対して $n+1$ 次元タテベクトル $\begin{bmatrix} u \\ v \end{bmatrix}^n$ を次のように定める. $n=0$ ならばこれは 1, $n>0$ ならば $u^n, u^{n-1}v, \ldots, u^{n-k}v^k, \ldots, uv^{n-1}, v^n$ を成分とするタテベクトルとする. このとき $\alpha \in GL_2(\mathbf{C})$ に対して $\rho_n(\alpha) \in GL_{n+1}(\mathbf{C})$ を式

(A8.1) $$\left(\alpha \begin{bmatrix} u \\ v \end{bmatrix}\right)^n = \rho_n(\alpha) \begin{bmatrix} u \\ v \end{bmatrix}^n$$

で定める. $\alpha = \begin{bmatrix} a & b \\ c & d \end{bmatrix}$ ならば $\alpha \begin{bmatrix} u \\ v \end{bmatrix} = \begin{bmatrix} au+bv \\ cu+dv \end{bmatrix}$ で, $(au+bv)^{n-k}(cu+dv)^k$ を $\begin{bmatrix} u \\ v \end{bmatrix}^n$ の成分の一次結合として書いたその係数の行列が $\rho_n(\alpha)$ である. $n=0$ ならば $\rho_0(\alpha) = 1$, $n=1$ ならば $\begin{bmatrix} u \\ v \end{bmatrix}^1 = \begin{bmatrix} u \\ v \end{bmatrix}$ だから $\rho_1(\alpha) = \alpha$, $n=2$ ならば

$$\rho_2\left(\begin{bmatrix} a & b \\ c & d \end{bmatrix}\right) = \begin{bmatrix} a^2 & 2ab & b^2 \\ ac & ad+bc & bd \\ c^2 & 2cd & d^2 \end{bmatrix}.$$

さらに $\beta \in GL_2(\mathbf{C})$ を取り $\rho_n(\alpha\beta)$ を考えると,

$$\rho_n(\alpha\beta)\begin{bmatrix} u \\ v \end{bmatrix}^n = \left(\alpha\beta\begin{bmatrix} u \\ v \end{bmatrix}\right)^n$$
$$= \rho_n(\alpha)\left(\beta\begin{bmatrix} u \\ v \end{bmatrix}\right)^n = \rho_n(\alpha)\rho_n(\beta)\begin{bmatrix} u \\ v \end{bmatrix}^n$$

であるから $\rho_n(\alpha\beta) = \rho_n(\alpha)\rho_n(\beta)$ となる. このようにし

て表現

(A8.2) $\qquad \rho_n : GL_2(\mathbf{C}) \longrightarrow GL_{n+1}(\mathbf{C})$

が得られた．

定理 A8.1. $0 \leq m \in \mathbf{Z}, 0 \leq n \in \mathbf{Z}, \alpha \in GL_2(\mathbf{C})$ に対し $\rho_{m,n}(\alpha) = \det(\alpha)^m \rho_n(\alpha)$ とおけば $\{\rho_{m,n}\}$ は $GL_2(\mathbf{C})$ の既約多項式表現の全体である．

これは $GL_n(\mathbf{C})$ の表現に関する主要定理の特別の場合である．ここではこの定理の証明はしないで，ρ_n に関するいくつかの興味ある事実をのべる．

まず $\det\left(\begin{bmatrix} u & x \\ v & y \end{bmatrix}\right)^n$ を考える．

$$(uy - vx)^n = \sum_{k=0}^{n} (-1)^k \binom{n}{k} u^{n-k} v^k x^k y^{n-k}$$

であるから

(A8.3) $\quad \det\left(\begin{bmatrix} u & x \\ v & y \end{bmatrix}\right)^n = {}^t\!\begin{bmatrix} u \\ v \end{bmatrix}^n \Phi_n \begin{bmatrix} x \\ y \end{bmatrix}^n$

となる $\Phi_n \in GL_{n+1}(\mathbf{Q})$ がある．

$$\Phi_0 = 1, \quad \Phi_1 = \begin{bmatrix} 0 & 1 \\ -1 & 0 \end{bmatrix},$$

$$\Phi_2 = \begin{bmatrix} 0 & 0 & 1 \\ 0 & -2 & 0 \\ 1 & 0 & 0 \end{bmatrix}$$

であり，一般に ${}^t\!\Phi_n = (-1)^n \Phi_n$ である．(A8.3) で

$\begin{bmatrix} u & x \\ v & y \end{bmatrix}$ を $\alpha \begin{bmatrix} u & x \\ v & y \end{bmatrix}$ でおきかえて（A8.1）を使えば

(A8.4) $\quad {}^t\rho_n(\alpha)\Phi_n\rho_n(\alpha) = \det(\alpha)^n\Phi_n$

となることが容易にわかる．特に $n=2$ として ρ_2 を $SL_2(\mathbf{R})$ に制限したものをやはり ρ_2 と書くと，(A8.4) で $\det(\alpha)=1$ として，ρ_2 が $SL_2(\mathbf{R})$ から $O(\Phi_2)$ への写像となるが実は $O(\Phi_2)$ を $SO(\Phi_2)$ としてよいことがわかり，

(A8.5) $\quad\quad\quad \rho_2 : SL_2(\mathbf{R}) \longrightarrow SO(\Phi_2)$

という表現が得られる．ここで $O(\Phi_2)$ や $SO(\Phi_2)$ は第5章で定義した記号である．

(A8.5) は第4章で考えた

$$\mathbf{H}^1 = SU(2) \longrightarrow SO(T)$$

の類似であり，また，第5章の φ を Φ_2 としたときの $G^1(V)$ が $SL_2(\mathbf{R})$ となって (A8.5) は定理5.4の $\tau: G^1(V) \to SO(\varphi)$ の特別の場合なのである．

さて $GL_3(\mathbf{R})$ に属する対称行列 Θ で，第5章の意味で符号が $(1,2)$ となるものを考える．Φ_2 もそのような対称行列であるから ${}^tA\Phi_2 A = \Theta$ となる $A \in GL_3(\mathbf{R})$ がある．そこで

$$\sigma(\alpha) = A^{-1}\rho_2(\alpha)A \quad (\alpha \in SL_2(\mathbf{R}))$$

とおくと $^t\sigma(\alpha)\Theta\sigma(\alpha)=\Theta$ となり,

(A8.6) $\qquad\sigma:SL_2(\mathbf{R})\longrightarrow SO(\Theta)$

という表現が得られる.

ここで Θ の成分がすべて $\mathbf{Q}$ に属するとして

(A8.7a) $\qquad\Delta=SL_3(\mathbf{Z})\cap SO(\Theta),$

(A8.7b) $\quad\Gamma=\{\gamma\in SL_2(\mathbf{R})\mid\sigma(\gamma)\in\Delta\}$

とおくと Δ は $SO(\Theta)$ の離散部分群であり, Γ はそれを $SL_2(\mathbf{R})$ に引きもどしたものであるから, Γ は $SL_2(\mathbf{R})$ の離散部分群となる.

Θ は $GL_3(\mathbf{Q})$ に属する符号 $(1,2)$ の対称行列であるが, さらに

(A8.8) $\qquad 0\neq x\in\mathbf{Q}^3\Longrightarrow {}^tx\Theta x\neq 0$

という条件を仮定する.

第 7 章で $SL_2(\mathbf{R})$ が上半平面 H に作用することを説明した. $\Gamma\subset SL_2(\mathbf{R})$ だから Γ も H に作用する. この時次の定理が成り立つ.

定理 A8.2. 商空間 H/Γ はコンパクトである.

実は, 第 7 章に説明した Poincaré の発見した群はこの Γ なのであり, 彼は定理 A8.2 を証明した. もっとも彼は ρ_2 や $SL_2(\mathbf{R})$ を使ったのではなく, H の点を 2 次形式で表わして, $SO(\Theta)$ を H に作用させたのである. そ

の作用を彼は「ある日崖の上を歩いているとき突然発見した」と書いている．この H/Γ の各点に 2 次元の Abel 多様体を対応させることができるのであるが，Poincaré はそこまでは気付かず，そのような側面が研究されたのは彼の発見の 70 年以上後のことである．

(A8.4) にもどって $n=2m-1, 1<m\in\mathbf{Z}$ とすれば，Φ_n は $2m$ 次の行列で ${}^t\Phi_n=-\Phi_n$ であるから，よく知られているように

$$ {}^tB\Phi_n B = \begin{bmatrix} 0 & -1_m \\ 1_m & 0 \end{bmatrix} $$

となる $B\in GL_{2m}(\mathbf{R})$ がある．この右辺の行列は第 10 章で ι_m と書いたものである．ここで

$$ \xi(\alpha) = B^{-1}\rho_n(\alpha)B \quad (\alpha \in SL_2(\mathbf{R})) $$

とおけば，(A8.4) によって $\xi(\alpha)\in Sp_m(\mathbf{R})$ であることが示される．$Sp_m(\mathbf{R})$ は第 10 章で定義した群である．つまり

$$ \xi: SL_2(\mathbf{R}) \longrightarrow Sp_m(\mathbf{R}) $$

という表現が得られた．一方 $\alpha=\begin{bmatrix} a & b \\ c & d \end{bmatrix}\in SL_2(\mathbf{R})$ に対して

(A8.9) $$ \zeta(\alpha) = \begin{bmatrix} a1_m & b1_m \\ c1_m & d1_m \end{bmatrix} $$

とおけば $\zeta(\alpha)\in Sp_m(\mathbf{R})$ であることが容易にわかるか

ら，もうひとつの表現

$$\zeta : SL_2(\mathbf{R}) \longrightarrow Sp_m(\mathbf{R})$$

が得られる．このふたつの表現 ξ と ζ とは同値でない．これは演習問題とするが，読者が易しすぎると言うかも知れない．

文　献

　本文の中で注意した論文や参考書を記号で別の所で引用したので，対照の便のためにここに表を作っておく．本文の中で一度しか引かなかったものはここには入っていない．だからはっきりした方針があるわけではなく，ないよりはましの程度であると思ってほしい．

　[C] C. Chevalley, Theory of Lie Groups I, Princeton University Press, 1946.

　[E] M. Eichler, Quadratische Formen und orthogonale Gruppen, Springer, Berlin, 1952, 2nd ed., 1974.

　[R] B. Riemann, Gesammelte Mathematische Werke, Teubner, Leipzig, 1892.

　[S93] G. Shimura, On the transformation formulas of theta series, American Journal of Mathematics, 115 (1993), 1011-1052 (=Collected Papers, IV, 191-232).

　[S98] G. Shimura, Abelian Varieties with Complex Multiplication and Modular Functions, Princeton Univ. Press, 1998.

　[S04] G. Shimura, Arithmetic and Analytic Theories of Quadratic Forms and Clifford Groups, Mathematical Surveys and Monographs, vol. 109, Amer. Math. Soc., 2004.

[S07] G. Shimura, Elementary Dirichlet Series and Modular Forms, Springer Monographs in Mathematics, Springer, 2007.

[S10] G. Shimura, Arithmetic of Quadratic Forms, Springer Monographs in Mathematics, Springer, 2010.

[Sp] M. Spivak, Calculus on Manifolds, Benjamin, New York, 1965.

[SW] E. M. Stein and G. Weiss, Introduction to Fourier Analysis on Euclidean Spaces, Princeton Univ. Press, 1971.

[T] E. C. Titchmarsh, The Theory of Functions, 2nd ed., Oxford Univ. Press, 1939.

[W58] A. Weil, Introduction à l'étude des variétés kälériennes, Hermann, Paris, 1958.

[W64] A. Weil, Sur certain groupes d'opérateurs unitaires, Acta Math. 111 (1964), 143-211 (=Œuvres III, 1-69).

[WW] E. T. Whittaker and G. N. Watson, A Course of Modern Analysis, 4th ed., Cambridge Univ. Press, 1927.

日本語の本で Lebesgue 積分や複素解析の教科書はおそらく無数にあると思う. どれがよいか, 手に取って開くま

ではわからず，くじを引くようなものであろう．それに私は最近の日本の教科書は知らないので，仕方なく上記の欧文のものに限った．それに本書で取り扱った主題では日本語のよい本はほとんどない．私が本書を日本語で書いたひとつの理由はそこにある．

　実は日本語と限らず，もっと下のレベルでの今日の線形代数や微積分の教科書にもいろいろの問題がある．たとえば，Hermite 行列とかユニタリー行列とかを全然含まぬ，つまり距離の概念が出て来ない線形代数の教科書がある．本文中に書いた「何が重要か」はそのような傾向に対する批判でもある．

本書は「ちくま学芸文庫」のために書き下ろされたものである。

ちくま学芸文庫

数学をいかに使うか

二〇一〇年十二月十日　第一刷発行
二〇一二年　六月二十日　第五刷発行

著　者　志村五郎（しむら・ごろう）
発行者　熊沢敏之
発行所　株式会社　筑摩書房
　　　　東京都台東区蔵前二-五-三　〒一一一-八七五五
　　　　振替〇〇一六〇-八-四二三三
装幀者　安野光雅
印刷所　大日本法令印刷株式会社
製本所　株式会社積信堂

乱丁・落丁本の場合は、左記宛に御送付下さい。
送料小社負担でお取り替えいたします。
ご注文・お問い合わせも左記へお願いします。
筑摩書房サービスセンター
埼玉県さいたま市北区櫛引町二-一六〇四　〒三三一-八五〇七
電話番号　〇四八-六五一-〇〇五三
© GORO SHIMURA 2010 Printed in Japan
ISBN978-4-480-09325-7 C0141